神田裕行的四季料理

〔日〕 神田裕行　著

朱曼青　译

青岛出版社

图书在版编目（CIP）数据

神田裕行的四季料理 / (日) 神田裕行著；朱曼青译. -- 青岛：青岛出版社，
2019.6
ISBN 978-7-5552-7544-2

Ⅰ.①神… Ⅱ.①神…②朱… Ⅲ.①菜谱 – 日本 Ⅳ.①TS972.183.13

中国版本图书馆CIP数据核字(2018)第182410号

KANDA HIROYUKI NO OSOZAI 12KAGETSU by Hiroyuki Kanda
Copyright © Hiroyuki Kanda 2017
All rights reserved.
Original Japanese edition published by Kurashi-no-Techo Co., Ltd.

This Simplified Chinese language edition published by arrangement with
Kurashi-no-Techo Co., Ltd., Tokyo in care of Tuttle-Mori Agency, Inc., Tokyo
through Future View Technology, Ltd., Taipei City.

山东省版权局著作权登记号　图字：15-2018-120

书　　名	神田裕行的四季料理	
著　　者	[日] 神田裕行	
译　　者	朱曼青	
摄　　影	川村隆	
插　　画	岩濑敬美	
出版发行	青岛出版社	
社　　址	青岛市海尔路 182 号（266061）	
本社网址	http://www.qdpub.com	
邮购电话	13335059110　0532-68068026	
策划编辑	贺　林	
责任编辑	贾华杰	
特约编辑	刘　茜　马晓莲　李春慧	
装帧设计	张　骏	
照　　排	青岛乐喜力科技发展有限公司	
印　　刷	青岛名扬数码印刷有限责任公司	
出版日期	2019年8月第1版　2019年8月第1次印刷	
开　　本	32开（890mm×1240mm）	
印　　张	5.75	
字　　数	200千	
书　　号	ISBN 978-7-5552-7544-2	
定　　价	49.80元	

编校印装质量、盗版监督服务电话：4006532017　0532-68068638
建议陈列类别：生活类　美食类

神　田

多年前，我的办公室设于尖东的大厦里面时，我结识了一位长辈，他精通日语，我们成为忘年之交。他开了一家叫"银座"的日本料理店，拜托我帮忙设计餐饮，我也乐意奉命。一天，他说："替我找个日本师傅来客串半年吧。"

那时我和日本名厨小山裕之相当稔熟，就打个电话去。小山拍胸口说："交给我办。"

派来的年轻人叫神田裕行，在小山旗下餐厅学习甚久，二十二岁时已任厨师长，对在海外生活和与外国人的沟通更是拿手。我们就开始合作了。

和神田一起去九龙城街市购买食材，他说能在当地找到最新鲜的代替从日本运来的，一点问题也没有。当然，主要的食材还是要从北海道、九州岛和东京进货。

我们安排好一切，神田就在餐厅中开始表演他的手艺。我一向认为要做一件事就要尽力，于是连招呼客人的工作也要负责，白天上班，晚上就当起餐厅经理来。这也过足我的瘾。我从小就想当一次跑堂，也想做小贩，这通过在书展中卖"暴暴茶"也做到了，一杯卖两块钱，收钱收得不亦乐乎。有了神田，"银座"日本料理生意滔滔。

最后神田功成身退，返回东京，我们也很久未曾联络，不知其去向。

直至《米其林指南》在二〇〇七年于日本登陆，而第一间得到"三星"的日本料理店，竟然是神田裕行的。

当然替这个小朋友高兴，一直想到他店里去吃一顿。但每次到东京都是因为带旅行团，而早年我办的团参加人数至少有四十人，神田的小餐厅是容纳不下的。

我的人生有许多阶段，最近是在网上销售自己的产品。愈做愈忙，旅行团的次数已逐渐减少，但每逢农历新年，一班不想在自己地方过年的老团友一定要我办，否则不知去哪里才好。所以勉为其难，我每年只办一两团，而且每团人数已减到二十人左右。

这个农历年，订好九州岛最好的日式旅馆——由布市的"龟之井别庄"，第一团有房间，第二团便订不到了。我把第二团改去东京附近的温泉，又在社交网站上联络到神田。他也特别安排了一晚：在六点钟坐吧台，八个人吃；另外在八点钟开放他的小房间，给其他人。

一起吃不就行了吗？到了后才知道神田"别有用心"。他的餐厅吧台只可以坐八人，包厢另坐八人，那小房间是可以让小孩子坐的。他的吧台，一向不招呼儿童，而我们这一团有大有小。

去了元麻布的小巷，我们找到那家餐厅，是在地下室。走下楼梯，走廊尽头挂着块小招牌，是用神田父亲以前开的海鲜料理店用的砧板做的，没有汉字，用日文写着店名。

老友重逢，也不必学外国人拥抱了，默默地坐在吧台前，等着他把东西弄给我吃。

我们的团友之中有几位是不吃牛肉的，神田以为我们全部不吃，当晚的菜，就全部不用牛肉做，而用日本最名贵的食材——河豚。

他不知道我之前已去了大分县，而大分县的臼杵，是吃河豚最有名的地方，连河豚肝也够胆拿出来。传说中，臼杵的水是能解河豚的毒的。

既来之则安之，先吃河豚刺身，再来吃河豚白子：用火枪把表皮略烤。若没有吃过大分县的河豚大餐，这些前菜，属最高级。

和一般蘸河豚用酸酱不同，神田供应的是海盐和干紫菜，另加一点点山葵。河豚刺身蘸这些，又吃出不同的滋味。

再下来的鲛鳒之肝，是用木鱼[1]丝熬成的汁煮出来的，别有一番风味，完全符合日本料理不抢风头、不特别突出、清淡中见功力的传统。

接着是汤。吧台后的墙上的空格中均摆满各种名贵的碗碟。这道用虾做成丸子、加萝卜煮的清汤盛在黑色漆碗中，碗盖上画着梅花，视觉上是一种享受。

跟着的是一个大陶盘，烧上了原始又朴素的花卉

---

1. 晒干的鲣鱼。

图案，盘上只放一小块最高级的本鮨[1]。那是日本海中捕捉的金枪鱼，一吃就知味道与印度洋或大西洋中的不同。刺身是仔细地割上花纹，用小扫涂上酱油的。

咦，为什么有牛肉？一吃，才知是水鸭。肉柔软甜美，那是雁子肉，烤得外层略焦，肉还是粉红的。"你们不吃牛，模仿一块给你们吃。"神田说。

再来一碗汤，这是用蛤肉切片，在高汤中轻轻涮出来的。

最后，神田捧出一个大砂锅，锅中炊着特选的新米，一粒粒站立着，层次分明，一阵阵米香扑鼻。

没有花巧，我吃完拍拍胸口，庆幸神田不因为得到什么"星"而讨好客人，用一些莫名其妙所谓高级的鱼子酱、鹅肝之类来装饰。

这些，三流厨子才会用。神田只选取当天最新鲜、最当造[2]的传统食材，之前他学到的种种奇形怪状、标新立异的功夫，也一概摒除。这才是大师！

不开分店，是他的坚持。他说，开了，自己不在，是不负责任的。如果当天吃得好，不是分店师傅的功劳；吃得差，又怪师傅不到家。这怎么可以？对消费者也不公平。但这不阻碍他到海外献艺，他一出外就把店关掉，带所有员工乘机去旅行。

神田的店从二〇〇八到二〇一九年连续得"米其林三星"。

（蔡澜）

---

1. 日语，寿司。
2. 粤语，当季的意思。

　　对于想提高烹饪水平的人，我有一些菜品想要分享。那就是一直以来作为日本的家庭料理而被人们所熟悉、具有日本传统风味的"惣菜[1]"。希望您能做好任谁都能想象出味道、吃到嘴里便觉得温暖安心的家常菜。有时，挑战至今从未尝试过的珍有菜肴的确也是一件乐事；但是，用心把平凡的菜肴熟练地做好，这才更是烹饪技艺精进的捷径。

　　拿手菜只需五道便足矣。无须增加这样那样的食谱，我们首先从可以自信地做出五道菜肴开始。若真的已经能够做出好吃的家常菜了的话，即使仅是重复那道菜，大家也不会吃腻。我妈妈的拿手菜也是如此，虽然屈指可数，但无论哪道菜，都在我心里留下了深刻的记忆，都是让我此刻就想说出"啊，好想吃啊"的菜肴。

　　家常菜不是很难做的东西，做第二、第三遍时菜谱便已熟稔，不久也将因变换食材、赋予这道菜味道上的改变而使其拥有"自家的味道"。

1. 意为家常菜。

要会做怎样的菜肴，才能在繁忙的日子里轻松地摆出一个让人温暖舒心的餐桌呢？我认为的家常菜，有着简单易做、无论多少次也不会吃腻的秘诀。

用少量的食材便能迅速完成，勾出食材的原味。

　　因为家常菜是每天都会上桌的东西，所以用少量的食材、家中常备的基础调味料便能简单做出，这一点尤为重要。我在烹饪的时候，一般来说，主要食材只取三种左右；因为食材种类越少，各自的原味才更加能被凸显。在这本书里，我也细致地介绍了如何通过食材的搭配，来活用出各种食材的风味。

正因是"适度的美味"，故能烹饪出吃不腻的味道。

　　我认为当下被世人追捧的诸多菜肴都美味过剩了。第一口尚且觉得美味，但第三口便会觉得腻。倘若舌头习惯了过度的美味，就会对真正的美味变得迟钝。本书中介绍的家常菜的味道，正是极为适合培育孩童全新味蕾的"适度的美味"，我们将烹饪出直到最后一口都不会腻烦的味道。

无论是刚出锅之时还是翌日都很美味，所以做完后可以多次端上餐桌。

　　日式传统风味的家常菜与西餐、中餐相比用油极少，所以几乎所有的家常菜在做完后的第二天仍然可以美味地品尝。甚至有的菜肴经过一夜，汤汁的鲜美得以充分地渗透，会比刚做好之时更加美味。无须勉强自己一定要端出满桌新鲜出锅的菜肴，以轻松的心情多多地尝试吧。我希望您能品味和享受反复端上桌时那道菜肴味道的变化。

（神田裕行）

目录

好吃家常菜的烹饪秘诀

具有代表性的家常菜

春日的家常菜

夏日的家常菜

秋日的家常菜

冬日的家常菜

本书参考建议

◎本书中菜谱的计量单位：1杯为200mL（毫升），1汤匙为15mL，1茶匙为5mL。用量杯和量匙难以计量的采用g（克）表示。

◎每道菜品请务必做三次。若第一次就能真正做得美味，那就像是极为侥幸的本垒打。但在第二、第三次尝试的过程中，一定会做得愈发美味。在一边失败一边做得愈发美味的过程中，是厌倦还是享受，我认为，这是厨艺能否精进的关键。

◎关于食材的分量，第一次烹饪的时候请遵照本书的用量。从第二、第三次烹饪起，可以参考食客的喜好，尝试调配成"自家的味道"。

好吃家常菜的
烹饪秘诀

为了能烹调出每天都想品尝的家常菜，请您务必记住以下秘诀……

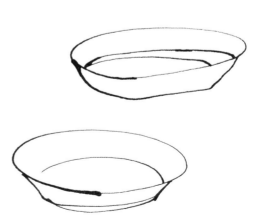

秘诀 1 | 高汤

　　说到家庭料理，我觉得近来在晚饭的菜单中西餐和中餐增多，和食[1]变少了。原因之一，大概是舍弃了"出汁[2]"吧。

　　从汤菜到炖菜，每日家常菜中不可或缺的就是高汤。虽然很多人认为每次熬取汤汁的难度系数很高、工作量很大，但其实如果在空闲的时候集中熬出好几餐用的高汤的话就会很高效。这样一来，无须每次都费时费力，也能迅速快捷地做出菜肴，而且会做得非常美味。

　　虽说都是高汤，但是高汤的鲜香也分为许多种，味道也各不相同。比起单独运用，搭配使用高汤会更凸显美味。让我们根据不同的菜肴的特点，将它时而分开运用、时而搭配组合吧！

　　烹饪时也许会使用粉末状的速食高汤。这时，请留心控制其用量。这是为了避免速食高汤的鲜香味过于浓重而隐藏了食材和调味料的原味。

1. 即日式料理。
2. 意为日式高汤。日本人常用鲣鱼、海带、小鱼干、干香菇等煮成汤汁，广泛用于汤菜和炖菜。

鲣鱼海带高汤

材料（成品约750mL）：高汤海带（如罗臼海带等）10g，鲣
鱼干30g，水 1L

做法：将水、高汤海带放入锅中静置大约1小时。开中火，
待水沸腾之后取出海带，放入鲣鱼干。再次沸腾后关
火，撇去浮沫，静置3分钟左右。待鲣鱼干沉入锅底之后，
用笊篱将汤汁轻柔过滤。

◎这里介绍的是如何运用市面上很容易入手的食材，做出美味
的鲣鱼海带高汤。

◎也许您会认为海带和鲣鱼干的用量过多，但是这个用量和平
衡是极为重要的。鲣鱼干的鲜味成分肌苷酸与海带的鲜味成
分谷氨酸相互融合放大，造就了鲣鱼海带高汤的美味。

◎采用净水器过滤过的氯味较少的水，或者属于软水的矿泉水，
这点也是极为重要的。

◎熬完高汤的海带虽然鲜味已经几乎丧失了，但是将其作为煮
物[1]的食材或者做成佃煮[2]都是十分不错的选择。剩在笊篱上的
鲣鱼干如果拧挤的话会有苦涩味，所以请勿拧挤，可以用酱
油和味醂[3]炒制，做成拌饭料。

◎海带和鲣鱼干的质量无疑将左右高汤的味道。我的店"神田"
采用的海带是罗臼海带，鲣鱼干是每天用本枯节[4]削的。用本
枯节削的鲣鱼干比市面上售卖的鲣鱼干更厚，鲜香味也更浓
郁，所以用小火煮20分钟左右便足够。这样一来，不仅是鲜
味、甘甜味、香味，苦味、涩味也一并被激发出来了，构成
丰富的味道。再用这种高汤来煮蔬菜、米饭等，味道平衡得
恰到好处。如果您入手了上等的鲣鱼干，请一定要尝试一下。

1. 指烩煮类菜肴，如关东煮。
2. 将小鱼和贝类的肉等加入酱油、糖等调味料一起炖煮的日式料理。
3. 类似于料酒的日式调味料。
4. "本节"为某种鲣鱼干的名称，用枯节制法做出的鲣鱼干称为"本枯节"。

小鱼干高汤（小沙丁鱼高汤）

材料（成品约 1.2L）：

小鱼干 45g，水 1.5L

做法：用手摘除小鱼干的头和内脏后，将小鱼干放入盆中，加水，放入冰箱冷藏室静置一晚，然后用垫了厨房纸的笊篱过滤。

◎小鱼干高汤的鲜味成分是肌苷酸，这种成分能溶于冷水。将小鱼干用热水煮沸的话会有鱼腥味，所以用水浸出汤汁再过滤即可。小鱼干的头和内脏是异味的源头，为了做出清爽又优雅的味道，需要将其摘除。小鱼干高汤有其独特的浓郁味道，我认为将其用于关东煮等菜肴的烹饪会非常美味。

干香菇高汤

材料（成品约 350mL）：

干香菇 3 朵（15g），水 2 杯

做法：摘掉干香菇的柄（若为切片干香菇则直接取用）后，将干香菇放入盆中，注入没过干香菇的水（不计入材料分量）静置 10 分钟。倒掉水后再次加水，放入冰箱冷藏室静置一晚，取出干香菇（若为切片干香菇则用笊篱过滤）。

◎干香菇有极强的鲜味和香气，可以泡出浓郁的高汤。该鲜味的成分是鸟苷酸，据说这是日本人发现的。用干香菇高汤煮的蔬菜，可以让人品尝出沁人心脾的美味；用它来煮鱼，则可去除鱼腥味。精进料理[1]中主要使用的便是干香菇高汤和海带高汤。将泡完高汤的干香菇做成煮物，鲜味更甚。

---

1. 指日本的一种素食，不使用鱼贝类和肉类，只用豆制品、蔬菜和海苔等植物性食材做成的菜肴。

干虾高汤

材料（成品约 400mL）：

　　干虾 12g，水 420mL

做法：将干虾和水倒入锅中放置 3~4 小时。大火煮沸后
　　　撇去浮沫，关火，再用垫有厨房纸的笊篱过滤。

◎干虾中含有肌苷酸和谷氨酸，所以可以熬取浓香的高汤。
　且由于带有淡淡的甘甜和独特的香气，所以干虾高汤除了
　可以与气味较强的蔬菜一起做成煮物之外，还可以加入味
　道清淡的索面蘸汁中，更可以充分发挥其风味，用其做出
　美味的日式焖饭。

干贝柱高汤

材料（成品约 850mL）：

　　干贝柱 30g，水 1L

做法：将干贝柱和水放入盆中，放到冰箱冷藏室静置一
　　　晚，再用垫有厨房纸的笊篱过滤。

◎干贝柱的鲜味成分为谷氨酸和贝类富含的琥珀酸，它可
　以泡出味道浓郁的高汤。干贝柱高汤与米饭、蔬菜等一起
　煮则可以增加它们的鲜味。我认为琥珀酸与其他的鲜味成
　分很难比较，因为它拥有自身独特而细腻的味道。希望您
　可以用味蕾细细地感知其美味。

秘诀 2 | 米饭

　　我们是不会厌倦米饭的美味的。大部分菜肴都是通过咸味才能让人感觉到美味，然而米饭却很神奇，明明只有米和水，却能让人觉得无比美味。仅凭大米所独有的谷物的甜味、香味和口感，日本人便可以感知其间细微的差别而做出"这个大米好吃"的判断，这真是神奇！因此，若能品尝出米饭的美味，人们仅凭这一点便能在每日的进餐中获得巨大的满足感。

　　人们会想尽办法努力在菜肴最美味的时刻端出它，却总是会事先煮好米饭。其实米饭在刚煮好的时候是最好吃的。您可以这样想，米饭也是一道菜肴，而且是一道主菜。如果每次现煮是一件难事，那么可以将刚煮完的米饭迅速冷却，保存起来，下次吃之前再拿出来加热；但如此一来，米饭的味道也会大不相同。

1. 淘米

将米放入盆中，一边迅猛地加水一边迅速地搅拌，然后立即将淘米水倒掉。接着再加入少许水，将手握成熊掌般的形状，以轻微的力度迅速搅拌 10 次左右（a）。米粒的表面会因为相互的摩擦而发出光泽。再一次往盆里加入水冲洗米，之后再倒掉水。重复上一步骤 2~3 次，直到淘米水不再浑浊。

◎米粒会在淘米的过程中吸收水分，变得越来越柔软易碎。米粒若碎了，就会在煮的过程中析出淀粉，米饭便会变得黏糊。因此，请不要太过用力，试着迅速地淘米。

2. 使米吸水

将水倒入淘完米的盆中，没过米即可。让米浸泡一段时间（b）——夏季约 30 分钟、冬季约 1 个小时为宜，再用笊篱将米捞出沥干。

3. 增减水

向锅里倒入水和米（c），二者的比例为 1∶1。用净水器净化过的水，或者属于软水的矿泉水，煮出的米饭将更加美味。

4. 煮饭

（1）盖上锅盖，用文火煮 3 分钟。

◎锅中的温度逐渐升高，则米粒在锅中更容易形成对流。

（2）开至中火，大约 5 分钟后便会沸腾。当从锅盖的缝隙中冒出蒸汽和带有黏性的泡泡时，就说明沸腾了（d）。

（3）沸腾以后将火力转至介于文火和中火之间，让沸腾的状态保持 5 分钟。

（4）转至文火继续煮 5 分钟，最后开至大火煮 30 秒后关火（e）。

◎关火后无须焖饭。一般来说，焖一会儿是为了能让米饭吸收锅内的水蒸气而变得松软，最后还需稍微翻搅使其排出水汽。而我们已经通过最后用大火加热 30 秒这一步骤排出了米饭中的水汽，这样一来，米饭就会丰满而松软。

（5）打开锅盖，无须翻搅，将饭勺轻轻地伸入米饭中（f），将米饭直接盛入碗里即可。

◎我觉得入口时饭粒的密度也是衡量米饭美味与否的重要因素——美味的米饭饭粒应不过于紧密也不过于疏离。因为锅中的水汽有对流，所以米粒会以自然的间隔

b c d e f

排列起来，如此口感便足够美味。也因此，无须用饭勺将米饭上下翻动，只要直接将米饭盛入碗中即可。

5. 米饭无须保温

将吃不完的米饭摊开到盆里散热，使其尽快冷却。重新加热的时候，将米饭盛入带有盖子的陶器中，再放入微波炉加热，便能使其受热均匀。

◎如果米饭在电饭煲中保温时间过长，就会变得湿乎乎的，口感变差。本书接下来将分享的家常菜是放置一段时间反而会变得更加美味的菜肴，所以每次多做一些，之后便可以多次端上餐桌。唯独米饭，希望您尽可能每次都煮新的。刚煮好的米饭是一道最好的菜肴。不过做的若是盖饭菜品，即使是用重新加热过的米饭也能足够美味。

关于新米

大米几乎都是 5 月左右种植、10 月前后收获的。收获的大米，将以稻谷、糙米等形态储存到来年秋天，以保证那一年的伙食。

储存时日越短的新米越水润，水分越多。毫不夸张地说，这样的大米就像新鲜的蔬菜和鲜香菇一样。相反，长时间储存的大米就像是蔬菜干和干香菇了。请您将新米当作生鲜食品，储存的陈米看作干货，这样就比较好理解了。

新米几乎没有米糠的气味，因此没必要反复淘洗。而储存了一个夏天的陈米则会有气味，即使是以稻谷的形式储存起来的大米，水分也多少会蒸发；所以需要好好淘洗，使之充分吸收水分后方可再煮。

秘
诀
3 | 调
味
料

　　即使每天吃也不会腻烦的味道到底是怎样的呢？若
是对自己的菜肴没有自信，就总会取用香味浓重的高
汤、足量的调味料，烹饪成浓厚的味道来让自己安心。
但是，并不是说高汤的味道越浓郁，菜肴就会越美味。
鲜味一浓，就必须要加入量与之匹配的盐和调味料，这
样一来就容易变成一吃就腻的味道。常言道，"Less is
more"，意思是"少即丰盛"。寡淡味道的菜肴可以研
磨人的味觉，进而促使人们去探寻食材本身的美味。能
让人如此这般品尝的菜肴是不会惹人腻的。

　　接下来，我将向大家介绍烹饪家常菜时经常使用的
调味料。如能熟知其特征，便可以将适当剂量的调味料
用于合适的菜肴。另外，我还将介绍一些"调味料组合"，
相同的配方却可被用于各色菜肴。有的调味料组合易于
储存，我觉得它们能够帮助到每日繁忙的你。

基本的调味料

砂糖：除了最常见的"上白糖"，我最常使用的是"三温糖[1]"。三温糖有焦糖的风味，加入菜肴中便会使味道更加浓醇。

味醂：味醂是往烧酒中加入糯米和酒曲之后发酵而成的，味道鲜甜、香醇，能使煮物和烤物[2]更具光泽。

清酒：清酒也是烹饪时不可或缺的调味料。除了本身有鲜味和甜味，煮鱼的时候也能帮助减少鱼腥味。

酱油：我常使用的"浓口酱油"带有鲜味、甜味和微微的酸味，是做煮物、烤物和蘸料的万能之选。本书中所说的"酱油"都指的是浓口酱油。

"薄口酱油"和"浓口酱油"相比，颜色更淡，含盐量更多，味道较为清爽，适用于做吸物[3]、乌冬面的蘸汁等需要品尝高汤风味的菜肴。

"上色酱油[4]"几乎不含小麦，仅用大豆制成，特点是黏稠、带有浓厚的甜味，可以使煮物的风味更加香浓。

"生酱油"是酱糟经挤压过滤后未经加热处理制成的。它可以衬托出刺身等食材的原味。

味噌[5]：根据主要原料的不同，味噌可以分为"豆味噌"、"米味噌"和"小麦味噌"；根据颜色的差异，可以分为"赤味噌"、"淡色味噌"和"白味噌"；根据含盐量的区别，可以分为"辛味噌""甜味噌"等。本书中主要使用的是以大米为主要原料的"白味噌"和偏咸的"赤味噌"。

◎加入调味料的顺序也极为重要。日语中所说的"さしすせそ"依次指的是"糖、盐、醋、酱油、味噌"。糖比盐难渗透，因此在烹制煮物的时候，先放盐的话会容易呛嗓子；而且一开始就放盐的话，食材会脱水。因而，加调味料需遵循一定的顺序，等先加入的调味料完全溶解之后再加入下一样，这样才能让菜肴的味道和谐。

---

1. 黄砂糖的一种，用制造白糖后的糖液所制，因此色泽偏黄，具有浓烈的甜味。
2. 涵盖了烧、烤等的日式料理。
3. 指含有菜、鱼肉等的清汤。
4. 类似中国的老抽。
5. 一种日式调味料。以黄豆为主要原料发酵制成，类似中国的豆瓣酱。

调味料组合

作料汁

◎作料汁是味醂、清酒、酱油以 8:2:3 的比例调制的。这是跟肉类习性相融的咸甜口的调味料，可以用于日式牛肉火锅、土豆烧肉、金平牛蒡、幽庵烧[1]鱼等的调味。

材料（成品约 260mL）：

味醂 180mL，清酒 3 汤匙，酱油 $4\frac{1}{2}$ 汤匙

做法：往锅中倒入味醂和清酒，开中火，使之煮沸释放出酒精。关火，待其冷却后加入酱油。

储存期限：倒入储存瓶冷藏放置，可保存 2~3 个月。

使用作料汁的菜品：土豆烧肉（第 16 页）、猪肉角煮[2]（第 18 页）、幽庵烧鲥鱼（第 50 页）、炸樱花虾盖饭（第 58 页）、山椒炒时蔬（第 70 页）、番茄牛肉盖饭（第 100 页）、牛肉菌菇寿喜锅（第 106 页）、快煮猪肉蔬菜（第 118 页）。

八方高汤

◎八方高汤是用鲣鱼海带高汤、味醂、薄口酱油以 8:1:1 的比例调制而成的。八方高汤并非用于调味，而是用于衬托出蔬菜风味的万能高汤，可以广泛用于蔬菜煮物、焖饭、锅物[3]蘸汁和面汁等。

材料（成品约 500mL）：

鲣鱼海带高汤 2 杯，味醂 1/4 杯，薄口酱油 1/4 杯

做法：将鲣鱼海带高汤、味醂、薄口酱油混合。

储存期限：不宜储存，随吃随做。

使用八方高汤的菜品：小油菜煮油豆腐（第 32 页）、芝麻拌菠菜（第 146 页）、亲子饭（第 152 页）。

---

1. 烤物的一种手法，烤之前将食材浸泡在调味汁中腌渍半日及以上，之后再烤制。

2. 类似于中国东坡肉的一种做法。

3. 火锅类食物。

调料汁

◎这里说的调料汁经常用于鱼的调味，所以别名"鱼调料汁"。除了可用于蒲烧沙丁鱼、照烧鲥鱼、照烧秋刀鱼外，也可用于牛肉、鸡肉的锄头烧[1]、照烧等。

材料（成品约 120mL）：

清酒 2 汤匙，味醂 2 汤匙，砂糖 2 汤匙，酱油 $1\frac{1}{2}$ 汤匙，上色酱油 $1\frac{1}{2}$ 汤匙

做法：将清酒和味醂倒入锅中用中火煮沸，释放出酒精。关火，加入砂糖搅拌，待砂糖溶解之后，再加入酱油和上色酱油。

储存期限：倒入储存瓶冷藏放置，可保存一周左右。

使用调料汁的菜品：土豆鸡肉锄头烧（第 20 页）、鸡蓉盖饭（第 42 页）、蒲烧沙丁鱼盖饭（98 页）。

寿司醋

◎寿司醋用于制作卷寿司、箱押寿司、散寿司的寿司饭。如果条件允许的话，我也非常推荐在寿司饭中加入 1 茶匙左右的酸橘汁等柑橘类果汁。

材料（成品可用于 300g 的米饭）：

纯米醋稍少于 2 汤匙，三温糖 15g，粗盐 6g

做法：将纯米醋、三温糖和粗盐放入碗中，用打蛋器搅拌至糖和盐溶解。制作寿司饭的时候，将米饭平铺在饭桌或者碗中，加入寿司醋后，用饭勺像切菜似的将米饭和醋混合拌匀。

储存期限：倒入储存瓶冷藏放置，可保存 2~3 个月。

使用寿司醋的菜品：卷寿司（第 38 页）、竹荚鱼箱押寿司（第 96 页）。

---

1. 日本古代的农民将锄头当铁板置于火上来烤制的食物，大阪名产之一。

南蛮醋

◎醋物[1]中经常使用的"三杯醋"是薄口酱油、味醂、纯米醋以 1:1:1 的比例调配而成的，而南蛮醋中还会加入 1 份清酒、1 份鲣鱼海带高汤和少许三温糖来减弱酸味。南蛮醋可以用来腌炸鱼和炸鸡。

材料（成品约 500mL）：

薄口酱油 1/2 杯，味醂 1/2 杯，纯米醋 1/2 杯，清酒 1/2 杯，鲣鱼海带高汤 1/2 杯，三温糖 30g

做法：将薄口酱油、味醂、纯米醋、清酒、鲣鱼海带高汤倒入锅中煮沸，再加入三温糖混合，待糖溶解后关火。

储存期限：不宜储存，随吃随做。

使用南蛮醋的菜品：南蛮醋渍竹荚鱼（第 82 页）。

酒糟糊

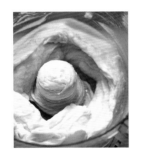

◎为了充分发挥酒糟的风味，且使其更易溶解，我们在其中加入水，将其制成糊状。酒糟糊为酒糟汤品的主要原料，也可用于"味噌渍烤"等菜品。比如在酒糟糊中加入白味噌，将切开的鱼肉放入其中浸渍一晚后烤制。浸渍过鱼肉的酒糟底在滤出多余的水后还可以使用 1~2 次。

材料（成品约 365g）：

酒糟 200g，白味噌 65g，清酒 1/4 杯，水 1/4 杯

做法：将所有材料放入料理机中，搅拌至顺滑。

储存期限：放入储存容器冷藏放置，可保存 1 个月左右。

使用酒糟糊的菜品：酒酿蛤蜊汤（第 60 页）、味噌渍烤秋鲑鱼（第 112 页）。

---

1. 类似于中国的凉拌菜，用醋调味而成。

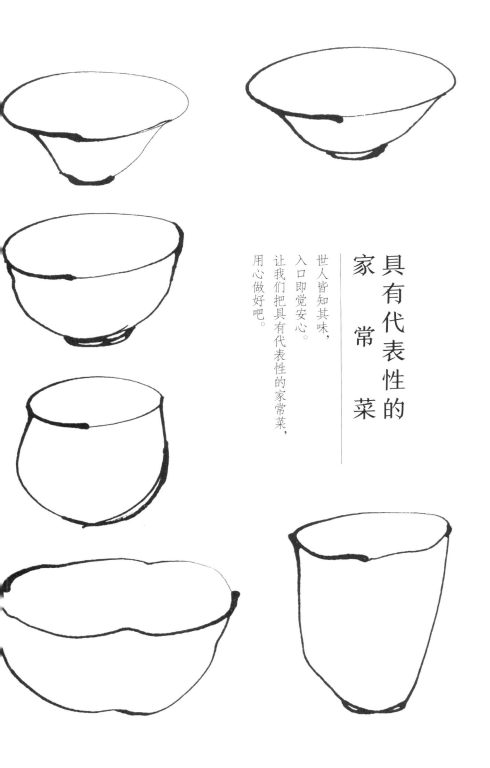

具有代表性的

家常菜

世人皆知其味，

入口即觉安心。

让我们把具有代表性的家常菜，

用心做好吧。

· 土豆烧肉 · 用炒锅可以迅速搞定

[**材料**] 2 人份

薄切牛肋脊肉（或者碎切牛肉）	200g
土豆	2 个（300g）
大个洋葱	1/2 个（120g）
舞菇	1/2 袋（60g）

作料汁
（成品约 120mL）

味醂	80mL
清酒	$1\frac{1}{3}$ 汤匙
酱油	2 汤匙

[**做法**]

1. 制作作料汁（做法见第 12 页）。

2. 把土豆洗净，带皮切成两半，用锡纸包上，放入 600 瓦的微波炉中加热 6 分钟。冷却后用手剥去土豆皮。将牛肉切成一口大小的肉块，洋葱切成月牙形。舞菇去柄，切成适宜大小。

3. 将不粘锅置于中火之上，倒入牛肉，一边铲开，一边炒制。牛肉变为茶色之后，加入洋葱、舞菇。待洋葱逐渐透明变软后，将土豆块再掰成两半放入锅中。

◎用手掰开的土豆表面会凹凸不平，这样作料汁的味道才能更好地渗透进去。

4. 根据自身喜好加入 80~120mL 的作料汁，再用大火烧开。当作料汁被牛肉和土豆吸收后，即可收汁出锅。

熟练地用好作料汁吧

作料汁可以广泛应用于土豆烧肉、寿喜锅、咖喱等炖菜、蜂斗菜煮物等家常菜，且易于保存，所以可以事先做出一些，以备不时之需。通过调整作料汁的用量，可以做出独属于你的味道。使用 120mL 的话菜肴就会浓郁下饭，使用 80mL 则味道清爽美味，所以请根据自己的喜好酌情增减。

若是一开始便将土豆放到锅中加热，可能会出现土豆煮碎或是牛肉变老的情况。所以迅速翻炒之后，再加入作料汁使之充分吸收，这就是美味的秘诀。

·猪肉角煮·
蒸出清爽不油腻的五花肉

[材料] 2人份

猪五花肉（块状）	300g
清酒	2 汤匙
生姜	1 片（15g）
秋葵	3 根

作料汁
（成品约220mL）

味酥	160mL
清酒	$2\frac{2}{3}$ 汤匙
酱油	4 汤匙

[做法]

1. 制作作料汁。将味酥和清酒入锅，开中火煮至沸腾，释放出酒精。关火，冷却后加入酱油。

2. 在平底方盘盘底垫上厨房纸，放上猪五花肉，洒上清酒。将其放入水已沸腾的蒸锅中，中火蒸1小时。生姜切薄片。

3. 将蒸好的猪肉切成3厘米厚的肉块，再用凉水冲洗干净。

4. 将沥干水的猪肉块、生姜片、1杯作料汁放入小口径炒锅（4-a）。将铝箔盖在肉上，开稍强的中火烧制。有条件的话可盖上小于锅口径的盖子，沸腾之后继续煮10分钟左右（4-b）。

5. 盛到容器中，放入切碎的秋葵加以点缀。

2　　4-a　　4-b

调味料和食材的原味五五分是最理想的

做咸甜口菜肴时需注意，不要过分放入调味料。如果调味过于浓厚，会掩盖住食材本身的美味。最好能让人感觉到调味料和食材的原味各占一半。

但是，如果过分控制调味料的量，就容易使菜品色泽不够、卖相不佳，无法勾起食欲。最理想的状态应当是，稍加控制调味料，而菜品仍有光泽。

制作"猪肉角煮"需用稍大火力一气呵成，这样才能使菜品富有光泽、味道浓郁。长时间蒸煮会损失食材的原味，短时间烹饪才是关键。

咸甜味容易变得单调，所以可以加入秋葵等富有香气和风味的作料，使得菜肴的味道富有层次感。简单的一点点缀，就可以让食客美美地品尝到最后。

· 土豆鸡肉锄头烧 ·

咸甜调料汁倍儿下饭

[材料] 2人份

鸡腿（去骨、带皮） 1/2 个
土豆 1 个
小葱（切葱花）、低筋面粉、
盐、胡椒 各适量

调料汁
（成品约 220mL）

清酒、味醂、砂糖
各 2 汤匙
酱油、上色酱油
各 $1\frac{1}{2}$ 汤匙

[做法]

1. 制作调料汁（做法见第 13 页）。

2. 土豆去皮，竖切成两半，再切成厚度约 5 毫米的半月形。鸡腿肉切成一口大小的块，撒上盐和胡椒抓匀。在平底方盘上倒入少量的低筋面粉，倒入鸡块，使鸡块表面裹上薄薄的一层面粉。

3. 放上不粘锅，开中火，鸡块皮朝下放入锅中。用长筷子压住鸡块榨出鸡油，再放入土豆用鸡油煎烤。当鸡皮煎至金黄后，将鸡块翻面继续煎。3 分钟后关火。

4. 用厨房纸拭去多余的鸡油，倒入 $1\frac{1}{2}$ 汤匙调料汁。晃动平底锅，让食材均匀地沾上调料汁。盛入容器中，撒上小葱花即成。

◎关火后再倒入调料汁则不易烧焦。

让鸡肉变得松软吧

　　鸡肉炒过头就会又老又硬。这是因为鸡肉经过加热，富含的蛋白质会收缩、水分会流失。所以使鸡肉松软的简单方法，就是在加热之前给鸡肉裹上淀粉或是低筋面粉。这样一来，鸡肉即使受热，也不会流失水分。

　　将鸡肉裹上薄薄一层面粉再煎烤可以锁住肉汁，只榨出鸡油。但若是面粉裹得过厚，脂肪就很难析出，所以只裹一点点即可，然后再用榨出的鸡油煎土豆。不过鸡油会让调料汁很难入味，所以需要用厨房纸拭去多余的油脂后再倒入调料汁，让食材沾满调料汁即可出锅。

茶碗蒸（做法见第 24—25 页）

蔬菜天妇罗（做法见第 26—27 页）

· 茶碗蒸 · 配料鲜味决定成败

[材料] 2 人份

鸡腿肉（去皮）	40g
虾	2 只
大香菇	1 朵
鱼糕	20g
鸭儿芹	1 根
柚子皮	适量
薄口酱油	1 茶匙

鸡蛋液

鸡蛋	1 个
鲣鱼海带高汤	1/2 杯
盐	少许
味醂	1/2 茶匙
薄口酱油	$2\frac{1}{2}$ 茶匙

[做法]

1. 摘去香菇柄，将香菇切成 4 等份，洗净后轻轻挤出水分（1-a）。将鱼糕切成 2 等份，鸭儿芹切成约 3cm 长的段。鸡腿肉切成一口大小的块放入碗中，加入薄口酱油抓匀（1-b）。将虾保留虾尾，去除虾壳、虾线（1-c），冲洗后用厨房纸拭去水。

◎用薄口酱油抓匀鸡肉可以去腥、调味。

2. 将制作鸡蛋液的材料全部倒入碗中，用筷子打匀。

3. 准备两个 1 人份的容器，把步骤 1、2 中的食材各自平均放入两个容器中，再放上柚子皮。用盖子（或保鲜膜）盖住容器。

4. 将步骤 3 中准备好的容器放入水已沸腾的蒸锅中，中火加热 3 分钟后，将锅盖稍稍挪开，露出空隙，再蒸 7~10 分钟。打开锅盖，摇晃容器看看，若还未凝固，再继续蒸至凝固。

做出令人难忘的家的味道吧

　　家常菜中朴素的味道，是出门在外想吃也很难吃到的美味。比如，若是在餐厅里点这道 "茶碗蒸"，一定会加入华丽的螃蟹或是鱼块吧。但是能让我由衷地发出 "喔，真的好想吃呀" 这样一声感慨的，是像这样的味道——鸡肉、香菇和着少许配料，像家人一般一同在茶碗中相互扶持支撑着，散发出沁透心田的质朴味道。这份只有在家中才能吃到的味道，才是真正意义上的奢侈的味道。

　　茶碗蒸中有我特别的思念。我的老家在日本德岛

1-b

1-c

3

4

县[1]，家中经营着一家餐饮店，也送外卖。每次客人一走，我和姐姐看到桌上剩下的发干的炸虾和寿司，便会一边难过地感慨着"为什么大人们只知道喝酒，不好好地品尝菜肴呢"，一边收拾餐桌。只有茶碗蒸，因为有盖子，所以得以完好地保留下来，我们就会在收拾完后满怀期待地品尝这份美味。不仅是因为很好吃，更是因为我们不舍得丢弃父母亲手做的美味。现在父母年事已高，我们家的店也歇业了，但是那份味道我始终难以忘怀。

鸡蛋中加入高汤会变得更加丝滑，丰富的口感会充溢舌尖。嫩滑到在口中断裂的口感是最理想不过的了。如果蒸出气孔，口感就会变差。高温蒸锅内温度急剧上升，蒸蛋便会出现气孔；但是若用小火，蛋液则无法凝固。因此，最开始要严实地盖上锅盖用中火蒸蛋，待热量遍及全锅后再稍微移开锅盖，留出缝隙，让温度降下来。

1.德岛县地处日本的西南部，四国的东部。

·蔬菜天妇罗 [1]· 用随处可见的食材做出自家味道

[材料] 4 人份

胡萝卜	1/2 根（60g）
洋葱	1/2 个（100g）
豌豆	30g
炸油	适量

天妇罗衣 [2]

蛋黄	1 个
低筋面粉	85g
凉水	1 杯

天妇罗蘸料汁

鲣鱼海带高汤	80mL
味醂	1 汤匙
薄口酱油	1 汤匙

[做法]

1. 胡萝卜去皮，切成长 3cm、宽 1cm、厚 5mm 左右的长方形（1-a）。洋葱竖切为二后，再切成约 1cm 的宽度（1-b）。

2. 将天妇罗蘸料汁全部材料入锅，中火加热，沸腾后关火。

3. 将步骤 1 中处理好的食材与豌豆一起放入碗中，再倒入天妇罗衣的材料（3-a），用手翻拌混合（3-b）。

◎用手翻拌可以使食材全都沾满挂糊。

4. 锅中倒入炸油，用中火加热至 160℃后，用勺子将步骤 3 中拌好的食材每次取一口大小的量入锅（4-a）。入锅后迅速开大火，用筷子将食材翻面，炸至食材焦黄、气泡变小（4-b）。搭配步骤 2 中做好的天妇罗蘸料汁一同食用。

以随性的心情尽情烹饪吧

　　"蔬菜天妇罗"是我母亲经常做的一道家常菜，食材只有胡萝卜、洋葱和豌豆三种，但食材的甘甜味非常突出。

　　最近我问母亲："为什么我们家的蔬菜天妇罗只有三种菜呢？"妈妈这样回答："胡萝卜和洋葱是随处可见、随时都有的食材。至于豌豆，是因为你爸喜欢吃，而且这样色彩就更丰富了嘛。"

　　虽说加入了豌豆的蔬菜天妇罗可能的确有些奇怪，但是每家的代表菜肴不就是反

---

1. 指日式料理中将鱼、虾或蔬菜等挂糊油炸成的食品，蘸汁食用。
2. 衣是指鱼虾、蔬菜等的油炸食物外面挂的面糊，天妇罗衣通常为鸡蛋面糊。

1-b

3-a

4-a

4-b

映了这家人的习惯和喜好吗？我母亲会在大盘上垫上报纸，放入一个接一个地炸好的蔬菜天妇罗。刚炸好的天妇罗口感脆脆的，还有些许甘甜，蘸着蘸料汁吃，味道清爽，香而不腻。

　　在我们家，无论何种菜肴都会盛在大盘里，堆得像个小山包。那模样别家见了一定会大吃一惊。天妇罗无论剩下多少都没关系，可以在第二天的午餐时分做成天妇罗盖饭，也可以把它当作小零食，就那样凉着抓来吃。如果还剩下的话，那就再端上桌吃就是了。我们家餐桌上除了摆着当天做的菜肴，也总会端出昨天、前天做的菜。

　　所以不用太在意数量，试着随性地烹饪每天的家常菜吧。好不容易做出来的菜肴被剩下了也不必叹气，想着明天它会是怎样的滋味呢、明天可以怎样品尝它呢，岂不别有一番期待？

· 鹿尾菜煮物 · 用油豆腐和干香菇烹饪出简约的味道

[**材料**] 易烹饪的分量

鹿尾菜干	25g
干香菇	3 朵
油豆腐	1/2 片
芝麻油	1 汤匙
三温糖	1 汤匙
酱油	2 汤匙

[**做法**]

1. 将干香菇摘去柄后放入碗中，倒水至将其浸没后，再继续倒入 1/2 杯清水，放入冰箱冷藏室静置一晚。泡发后的香菇切成薄片，泡发汁留用。

2. 将鹿尾菜干放入另一个碗中，倒水浸泡，直至泡软。捞出挤干水分，切成 3cm 左右的段。

3. 将油豆腐切成长度约 3cm 的细丝。

4. 炒锅中倒入芝麻油，中火加热，放入鹿尾菜段和油豆腐丝进行翻炒。炒至油汁渗透后加入三温糖，拌匀。

5. 加入香菇片、香菇的泡发汁、酱油，炒煮至无汁。关火，静置片刻使之入味。

用少量食材勾出食材自身的味道吧

　　菜肴并不是加入食材就能变得美味的。相反，用少量食材更能突显出食材自身的味道。

　　比如很多人认为应该在"鹿尾菜煮物"中加入胡萝卜，但这也许只是为了让菜品的卖相更佳而已。而我则会放入较多香菇来取代胡萝卜。这样一来，鲜味更浓，也更能让人直接品尝出食材的美味。

　　如果能意识到"我想品尝的是某某食材的味道"这一点，那么可能就不会购入过量的食材了。

　　鹿尾菜干等干货易于保存，家中常备的话，可以迅速做出一道菜，非常方便。

·蛤蜊高汤关东煮· 汤头清爽入味的关东煮

[**材料**] 4 人份

白萝卜	8cm
鸡蛋	4 个
魔芋	1 块
竹轮鱼糕	2 根
油豆腐	1/2 片
油豆腐福袋	4 个
炸鱼肉饼	4 片
牛蒡天 [1]	4 小块
清酒	3/4 杯
薄口酱油	$2\frac{2}{3}$ 汤匙
味酥	$1\frac{2}{3}$ 汤匙
小鱼干（小沙丁鱼）高汤	
	1.5L

[**做法**]

1. 头天晚上准备好小鱼干高汤（做法见第 4 页）。

2. 将白萝卜去皮切成 2cm 厚的圆片，煮 10~20 分钟至变软。

   将鸡蛋煮熟后剥去蛋壳。魔芋块两面轻划出格子状口子，切成易食大小，入锅煮至熟透。

3. 竹轮鱼糕对半斜切。油豆腐切成 4 等份。用开水将竹轮鱼糕、油豆腐、油豆腐福袋、炸鱼肉饼、牛蒡天烫 2~3 分钟，滤掉油脂。

4. 锅中加入小鱼干高汤、清酒、薄口酱油、味酥和步骤 2、3 中处理好的食材，开中火煮至沸腾后盖锅盖，转小火继续熬煮。大约煮上 1 小时后关火，待其自然冷却入味。

◎食材烫后滤掉油脂，高汤的味道将更加清爽。

不同的菜肴使用不同的高汤

　　说到日料的高汤，大部分人就会想到用鲣鱼干和海带熬出的高汤吧。但是，根据菜肴的不同，选用带有不同鲜味的高汤打底，菜肴的风味将更加丰富。比如对于"关东煮"来说，我觉得比起较为清淡的鲣鱼海带高汤，使用味道浓郁独特的小鱼干高汤将会更加美味。

　　将小鱼干浸泡一晚，过滤后上火加热是关键。不使用任何调味料，可以充分发挥高汤的风味，让食材清爽又入味。

　　若将油豆腐、油豆腐福袋、炸鱼肉饼等加工食品入锅直接煮，会很难入味，所以需烫后滤掉油脂再煮制。

---

1. 指用牛蒡做的天妇罗。

·小油菜煮油豆腐· <small>充分吸收了汤头的美味的油豆腐</small>

[材料] 2人份

小油菜	100g
油豆腐	1 片
樱花虾干	10g
芝麻油、柚子皮	各适量

八方高汤
（成品约 100mL）

鲣鱼海带高汤	80mL
味醂	2 茶匙
薄口酱油	2 茶匙

[做法]

1. 小油菜切成 5cm 长的段。柚子皮切成细丝。将八方高汤的材料混合（做法见第 12 页）。

2. 将 1/2 汤匙芝麻油倒入平底锅，开小火煎油豆腐。用锅铲轻轻按压油豆腐，双面煎出煎痕后出锅，切成长 5cm、宽 1cm 的油豆腐丝。

◎ 做出来的油豆腐放置时间越长，油脂越容易氧化。用芝麻油煎可使其重新吸收油分，煎出香味。因为油脂增多，为防止煎焦，可使用小火。

3. 向步骤 2 的平底锅中再倒入 1/2 汤匙芝麻油，开中火，加入小油菜段和樱花虾干进行翻炒。待小油菜软塌后，加入八方高汤和油豆腐丝。汤汁沸腾后，将食材轻轻搅拌混合，关火，待其冷却入味。盛入容器中，撒上柚子皮丝。

熟练地运用八方高汤吧

　　八方高汤是以极好记的配比——鲣鱼海带高汤、味醂、薄口酱油以 8:1:1 的比例混合而成的百搭调味料组合。它可以广泛应用于各种菜肴，衬托出食材的风味。

　　在"小油菜煮油豆腐"这道菜中，将小油菜、樱花虾干、油豆腐用八方高汤快速煮制，可以衬托出虾和油豆腐的味道。

　　将八方高汤用于蔬菜煮物、腌渍菜，可以使蔬菜的原味在清爽的汤汁中更加凸显。另外，八方高汤也可用于焖饭的调味、锅物的蘸汁、索面的蘸汁，也可在冷却后给温泉蛋做调味汁等。

　　虽说八方高汤运用广泛、十分方便，但是不易保存，还是建议随吃随做。

花蛤豆花（做法见第 36—37 页）

卷寿司（做法见第38—39页）

· 花蛤豆花 [1] · 浸满花蛤鲜味的豆渣

[材料] 易烹饪的分量

花蛤	350g
豆渣	120g
香菇	1 朵
胡萝卜	20g
冬葱	1 根
生姜末	1 撮
鲣鱼海带高汤	1/2 杯
清酒	1/2 杯
色拉油	3 汤匙

[做法]

1. 将花蛤放入浓度为 3% 的盐水中浸泡，入冰箱冷藏室静置一晚使其吐沙。捞出花蛤放入碗中，倒入清水没过花蛤，两手揉搓，让花蛤之间相互摩擦去脏。

2. 锅中放入花蛤、鲣鱼海带高汤和清酒，开中火。待花蛤壳张开后，把锅移出灶台。从壳中取出花蛤肉。锅中的高汤留用。

3. 香菇去柄，胡萝卜削皮，两者均切成小丁。冬葱切末。

4. 炒锅倒入色拉油，中火加热，放入香菇丁、胡萝卜丁翻炒 2~3 分钟。

5. 加入豆渣，与色拉油、蔬菜充分混合（5-a）。倒入一半步骤 2 锅中留用的高汤，混合。待豆渣和高汤充分融合后，再加入剩下的高汤继续混合（5-b）。

6. 待水烧干后，加入花蛤肉（6-a）、生姜末、冬葱末（6-b）翻拌，使全部食材充分渗透融合，最后盛入容器中即可。

把副菜做出清爽、百吃不腻的味道

　　我认为像豆渣这样甚少调味的清淡菜品，非常适合用来搭配味道突出的主菜。它虽然不像牛排那样下饭，但可以凭借其令人安心的味道让人百吃不腻。

　　一般来说，豆渣相关的菜品都会加入味醂、酱油和砂糖等甜口的调味料，但是这道"花蛤豆花"做出了花蛤的

---

1. 在日语中，"卯の花（豆花）"是"おから（豆渣）"的美称，其实指的都是豆渣。

咸鲜、清酒的清甜。花蛤的鲜味成分琥珀酸和鲣鱼海带高汤的鲜味成分肌苷酸、谷氨酸组合在一起，菜肴便更加美味。同时，作为香料的冬葱和生姜也隐藏其中，散发出清爽幽香。希望您能在菜肴新鲜出锅、温热绵软的时候品尝这份美味。

对了，您知道我们为什么把豆渣叫作"卵の花（豆花）"吗？在把大豆做成豆浆的过程中，挤榨后剩下的渣就是"豆渣"，但是对于商贩来说，"豆渣"的发音会使人联想到"客人全无"的意思，[2] 感觉不吉利。于是，人们把它比作初夏时节开满卵树枝头的白色小花，也就是"卵の花（卵之花）"。除此之外，豆渣由于无须刀切即可烹饪，也被叫作"不切"；还因为像雪花一样，便被写作"雪花菜"；有时还会为了吉利，被唤作"满座"等。这可是拥有众多爱称、为人们所熟悉的一味食材呀！

1.在日语中，"豆渣（おから）"和"客人（おきゃく）"、"没人（からっぽ）"发音近似。

·卷寿司· 米饭和内馅在口中轻轻舒展开

[**材料**] 4 条的量

干香菇	4 朵
高野豆腐（17g）	4 块
干葫芦条	25g
油	适量
鸭儿芹	1 把
海苔	4 片
寿司饭（做法见第13页）	
	720g

◎干香菇用 500mL 水泡发。高野豆腐用 80℃ 热水泡 5 分钟后，用流水冷却，再挤干水。干葫芦条用水泡发。

A

三温糖、酱油	各 2 汤匙
上色酱油	2/3 汤匙

B

鲣鱼海带高汤	$2\frac{1}{2}$ 杯
三温糖	4 汤匙
味醂	2 汤匙
薄口酱油	1 汤匙
盐	1/2 茶匙

鸡蛋液

鸡蛋	2 个
鲣鱼海带高汤	2 汤匙
味醂	2/3 茶匙
薄口酱油	2/3 茶匙

[**做法**]

1. 泡发的香菇去柄，和泡发汁、材料 A 一起入锅，开小火煮 2~3 小时。连煮汁一起放入冰箱静置一夜。

2. 将材料 B 入锅，开中火煮沸，放入高野豆腐煮 15 分钟（2-a）。煮汁留在锅中，捞出豆腐放入冰箱冷藏一夜。干葫芦条用一小撮盐（材料分量外）搓洗后，用足量开水焯烫，再切成约 20cm 的长条，放入留在锅中的煮汁中，煮开后放入冰箱冷藏室静置一夜（2-b）。

3. 将鸡蛋液的材料在碗中混合。将玉子烧煎锅[1] 抹油，中火加热，倒入鸡蛋液，煎制玉子烧。

4. 鸭儿芹迅速焯水，切去根部。

5. 香菇切成 1cm 宽的片，玉子烧和轻挤过水的高野豆腐切成 2cm 宽的条状。

6. 卷帘上放 1 片海苔，铺平寿司饭后放入食材，卷起。（6-a，6-b，6-c）

也为稀松平常的日子做一份寿司吧

"卷寿司"的美味体现在某个瞬间——内馅吸收的高汤在口中喷出、漫延，米饭和内馅慢慢在口中舒展、散开。

美味的秘诀就是要在头一天煮好香菇、高野豆腐和干葫芦条。这是因为煮物在静置一夜冷却的过程中会吸收进煮汁，变得更

---

1. 玉子烧即日式鸡蛋烧，玉子烧煎锅为煎制玉子烧时专用的方形锅。

加美味。让我们花上两天（若算上泡发干香菇的时间便是三天）的时间，做出美味的卷寿司吧。

香菇煮上 2~3 小时后，连同煮汁一同静置一夜，这样便能充分吸收煮汁。高野豆腐用热水泡发，凉水冲洗，接着马上捏紧挤水，这样一来，豆腐成了干干的海绵，便能吸满鲜味十足的煮汁了；卷之前也要再轻轻挤一下吸满煮汁的高野豆腐。干葫芦条用盐揉搓去除涩味和日晒的气味后，再放入锅中熬煮，让它们尽情地吸收掉最后一点煮汁。

卷的时候也有技巧。为了让寿司饭的厚度保持在每层 3 粒米左右，可以用指尖铺米饭。若米饭铺得太厚，内馅就会因为太拥挤而变硬。把内馅食材放在中央，卷的时候无须太用力。不习惯的人可能会担心寿司之后会松开，所以卷得紧紧的，但是其实海苔放置一段时间后会回缩，寿司也就坚挺起来了。

我母亲十分擅长卷寿司，不松不紧，多汁的煮物和米饭松软地卷在一起。

高中的我是混乐团的。跟小伙伴练习的时候，妈妈经常送来卷寿司当作慰劳的小零食。虽然内馅只有一些蔬菜煮物，但是那份质朴的味道让我十分欢喜。

· 高汤玉子烧 · 开着中火迅速卷起是关键

[**材料**] 适宜烹饪的分量

鸡蛋	2 个
鲣鱼海带高汤	1/4 杯
葛粉（或者马铃薯淀粉）	
	略多于 1/2 茶匙
薄口酱油	略少于 1/2 茶匙
盐	少许
色拉油	适量
白萝卜泥	适量
酱油	适量

[**做法**]

1. 鸡蛋磕入碗中，用打蛋器充分打匀。

2. 取另一只碗放入高汤、葛粉、薄口酱油和盐，用打蛋器搅匀后，加入步骤 1 的鸡蛋液中混合。

3. 将玉子烧煎锅中火加热。用厨房纸吸上色拉油，在煎锅中涂上薄薄的一层。用筷子蘸取步骤 2 中的鸡蛋液，滴到油锅中，等到鸡蛋液凝固后，倒入 1/4 量的鸡蛋液，晃动煎锅铺满锅底。

4. 待鸡蛋热透，从锅底鼓起之后，拿起煎锅向内侧（手的一侧）倾斜，从另一头向内侧卷起鸡蛋饼。

5. 卷完之后，将鸡蛋饼卷推到锅的另一头，用步骤 3 的沾油厨房纸涂抹空出的锅底，再倒入 1/4 量的鸡蛋液。稍微抬起卷好的鸡蛋饼，让新加的鸡蛋液铺满锅底。

6. 重复两次步骤 4、5。卷完最后一份鸡蛋饼后，把玉子烧放在卷帘上，整成立方体。按压玉子烧的侧面使之平整。

7. 余热散去后，将玉子烧切成方便食用的大小。根据自家喜好蘸取白萝卜泥和酱油食用即可。

不要害怕失败，多多尝试吧

　　若要说有什么菜是一旦能做顺手就会让人很开心的，那就是"高汤玉子烧"了。这道菜的美味秘诀就在于加入满满的高汤，做出了鲜嫩多汁的口感。

　　这菜做不顺手的话，那成品不是太硬，就是形状易碎。高汤越多，蛋液就越不容易凝固，所以这道菜比一般的玉子烧要难做。但是请放心，即便厨艺不精也能做得很顺利的小秘诀就在于往鸡蛋液中加入了葛粉。葛粉充分溶于鸡蛋液中，让其黏度增加，就容易卷了。玉子烧煎锅要是热锅不充分的话，鸡蛋液会粘锅，也会卷不好。另外，为了避免鸡蛋饼因煎过度而变硬，要趁着中火迅速卷好。因为最后会把玉子烧放到卷帘上整形，所以做的过程中不必太拘泥于形状。

·鸡蓉盖饭· 味道柔和，尽享美味

[材料] 2人份

米饭	300g
鸡腿肉糜	200g
姜汁	少许
清酒	3汤匙
海苔	适量
鸭儿芹叶	适量

调料汁
（成品约 120mL）

清酒	2汤匙
味醂	2汤匙
砂糖	2汤匙
酱油	$1\frac{1}{2}$汤匙
上色酱油	$1\frac{1}{2}$汤匙

[做法]

1. 制作调料汁。向锅中倒入清酒、味醂，用中火煮沸，释放出酒精。关火，加入砂糖，溶解后加入酱油和上色酱油混合均匀。

2. 炒锅中加入鸡腿肉糜、清酒，用木铲炒散。开中火，炒至鸡肉发白、水分蒸发后关火。倒入 $1\frac{1}{3}$ 汤匙调料汁，拌匀。再开中火，待食材收汁亮出色泽后，再加姜汁混合，关火。

◎倒入调料汁之前先关一次火，这样不容易煳锅。

3. 大碗中盛入温热的米饭，再铺上撕碎的海苔。接着把步骤2中炒好的鸡肉盖在饭上，装点上鸭儿芹叶就可享用了。

拒绝煳锅，做出光亮色泽吧

　　咸甜口菜肴因为加入了味醂和砂糖，所以容易烧焦煳锅，从而产生苦味。先关火，当炒锅的温度不再上升时再加入调料汁，这样就能有效防止煳锅。另外，事先量好调味料，做好调料汁，就可以简化烹饪中的工序，控制好菜肴的味道。

　　加入调料汁之前炒至鸡肉变色也很重要，这样鸡肉就更容易吸收调料汁。在收汁之前好好翻炒"鸡蓉"，菜肴便会更具光泽、肉香味浓。加入调料汁后长时间加热会使食材的味道受损，所以短时间烹饪出锅也是关键。

大家在烹饪过程中会"试味"吧？那是在寻找怎样的味道呢？想象一下这个过程：在做味噌汤的锅中加入味噌后用勺子搅拌，然后舀取少许汤汁轻抿一口。于是，你就会下意识地去想味噌的味道是浓是淡，会去寻找刚才放入的味噌的味道。

特别是刚开始学烹饪或者不擅长烹饪的人士，明明是为了确认菜肴的"美味"才去试味的，不知为何总会变成去寻找调味料的味道。于是抿上一口，若是调味料的味道不突出，就会认为菜肴的味道不鲜明，然后不安地加起调味料来。这样一来，试味就变得仅仅是确认调味料的存在，而忽略了菜肴整体的味道。对于美味的味道要有自己的判断标准，不能动摇，这一点值得我们注意。

试味时，我集中注意力去感受的，是食材的原味、鲜味和调料味这三种味道。食材的原味要分明，鲜味要适度，调味料的味道要能很好地衬托其余两味，这样的味道方能判定为"美味"。相反，若是高汤的鲜味和调味料的味道掩盖了食材的原味，那就是鲜味过浓、调味料过多了。如此的菜肴，即使第一口觉得好吃，第三口就会腻烦了。

擅长试味才能擅长烹饪。

抿一口，去寻找三种味道，然后自信地做出判断——"嗯，美味"吧！

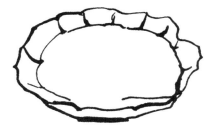

春日的家常菜

春天是生命萌芽的季节。
品尝当季的食材，
为我们的身体
注入崭新的生命力吧。

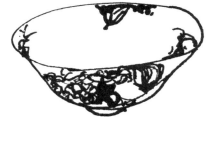

·酒蒸鲷鱼·
用海带淡淡的鲜味衬托出当季的鲷鱼

[材料] 2人份

真鲷鱼头（竖切）	1 个
海带	20g
清酒	90mL
盐	适量
花椒芽	适量

◎鲷鱼的鱼头可以用自家的菜刀竖切成两半，也可以拜托店家帮忙切一下。

[做法]

1. 焯鲷鱼头。碗中备入冰水。锅中加入水煮沸，将切开后的半个鱼头放在大漏勺上，浸入沸水中焯 5~10 秒钟，待鱼头表面微微发白后将之捞起，立即浸入冰水中。再捞出鱼头，去除表面的鱼鳞和血丝。另外半个鱼头也同样处理。然后用厨房纸等拭去鲷鱼头上的水，两面轻撒上盐，放置 5 分钟。

◎通过焯水和撒盐可以去掉鱼腥味。如果是新鲜的鲷鱼头，用沸水焯时，看到鱼鳍立起来后便可捞出（如图中模样）。因为鲷鱼的鱼鳞是透明的，所以去鳞时为了确保没有遗漏，可用指甲轻刮确认。

2. 在 1 人份的器皿中铺上海带，然后盛入半只鲷鱼头，再淋上 3 汤匙的清酒。

3. 蒸锅中的水沸腾后，放入步骤 2 的器皿，中火蒸煮 7 分钟左右。剩下的半个鱼头也同样处理。蒸完的鲷鱼头装点上花椒芽。取鱼肉蘸上汤汁食用即可。

质朴地烹饪当季的食材

"酒蒸鲷鱼"运用了极为朴实的烹饪手法，就只是用海带和清酒去蒸新鲜上好的鲷鱼头而已。只要备好材料，菜肴就能极具美味。这道菜肴外表华丽，也非常适合节日聚餐时享用。

鲷鱼是一种头大健硕的鱼类，喜欢在海底裸露的岩石附近捕食虾等硬壳类生物。因此，在硬壳生物集聚、饵料丰富的内海湾及其沿岸等地捕获的鲷鱼，会带有虾一般的甘甜。

春天的鲷鱼无疑是美味的，但是秋冬的鲷鱼脂肪肥美，也别有一番滋味。请品尝一下各个季节的鲷鱼，比比看哪个季节的鲷鱼更美味吧。

· 猪肉芹菜芜菁煮 ·　品尝芜菁的清爽甘甜

[材料] 2 人份

猪里脊薄片	80g
芜菁	2 个
芹菜	30g
鲣鱼海带高汤	1 杯
盐	略少于 1 茶匙
味酥	2 茶匙
薄口酱油	2 茶匙
山椒粉	适量

[做法]

1. 将猪里脊薄片切成适当大小。芹菜切成 5cm 长的段。芜菁去皮捣成泥，静置使水分自然蒸发。

2. 锅中加入鲣鱼海带高汤、盐、味酥、薄口酱油，开中火。沸腾之后，放入步骤 1 中蒸发了水分的芜菁泥。再次煮沸后，加入猪里脊片和芹菜段，迅速煮沸。待猪肉煮熟变色后关火。

3. 盛入容器中，撒上山椒粉后即可食用。

◎芜菁微甜，可烹调出优雅柔和的味道。也可以用白萝卜替代芜菁入菜。春夏季节的白萝卜有些许辛味，能使这道菜味道更加清透。

◎也可用薄切鸡肉代替猪里脊，菜肴依旧美味。

春天是品尝生命萌芽味道的季节

芜菁煮是将芜菁捣成泥后做成煮汁，烹煮蔬菜和鱼肉的一道菜肴。这道菜介于汁物[1]和煮物之间，别具一番风味。

芹菜是"春日七草[2]"之一，属于多年生草本植物，拥有独特的风味和口感，和肉类的油脂也极为相称。春天是品尝楤木芽、蕨菜、大叶拟宝珠、蜂斗菜等野菜的嫩芽和嫩叶的季节。冬日里有气无力地照射着大地的太阳在春天重新焕发生机，地表温度随之上升，许多植物萌出新芽。春天，是通过菜肴将这份生命力注入身体的季节。

---

1. 指清汤、咸汤等汤类菜肴。味噌汤便是日料中的代表汁物。
2. 包括芹菜、荠菜、芜菁、菜薹、宝盖草、鼠曲草、繁缕。

· 幽庵烧鲕鱼 · 优雅地散发着柚子的幽香

[材料] 2人份

鲕鱼	2 段
柚子	1/4 个
白果	适量
炸油	适量
盐	适量

作料汁
（成品约 260mL）

味醂	180mL
清酒	3 汤匙
酱油	$4\frac{1}{2}$ 汤匙

[做法]

1. 制作作料汁。锅中倒入味醂和清酒，开中火，煮沸释放出酒精。关火，冷却后加入酱油。

2. 用菜刀剔除鲕鱼皮和血合肉[1]，然后将鱼肉对半切开。

◎剔除鱼皮和血合肉便可去腥。

3. 碗中倒入作料汁，挤入柚子汁。把步骤 2 中处理好的鱼肉和柚子皮一同放入碗中，腌渍 40 分钟左右。

4. 白果去皮。小锅里加入炸油加热至 170℃，放入白果炸制 1~2 分钟。

5. 从步骤 3 的调味汁中取出鲕鱼块，沥干汁水。加热烤鱼架或烤鱼网，再用小火将鲕鱼块烤至全熟。将鲕鱼块盛入盘中，加入炸好的白果，在白果上撒上少许盐即可。

◎从剩下的调味汁中捞出柚子皮，将调味汁冷却后放入冰箱冷藏，可重复使用 2~3 次，保存 1 个月左右。

2 5

烤出鱼的美味吧

　　幽庵烧这种菜肴是在作料汁中加入柚子等柑橘类的果汁，然后将鱼肉放入其中浸泡，最后再进行煎烤的。

　　这道菜用的是鲕鱼，但若想做出特别味道的话可以尝试选用甘鲷，若是想做成普通的家常菜，那么应季的白身鱼[2]或者鸡腿肉也是不错的选择。

　　烤鱼的时候，无论是盐烤还是照烧，其美味的秘诀都在于要用鱼身上煎烤出的脂肪来烧烤。烤鱼的时候，最开始烤出来的是水分，接着才是脂肪。要用逼出的鱼油将鱼肉烤出纹理。因此，对于竹荚鱼、青花鱼、梭鱼等汁水较多的鱼，可以事先抹上盐使其脱水，做成干物[3]。其余品种的鱼也是如此，在烤前去除水分则更容易烤出美味。

---

1. 指鱼身上带血、颜色呈暗红色的一块肉，多出现在脊柱周围，口感极差。

2. 日本人食用的鱼分为白身鱼和赤身鱼。白身鱼即肉为白色的鱼，如黑鲷鱼。赤身鱼即肉色为红色的鱼，如金枪鱼。

3. 把生的或盐渍后的鱼、虾、贝类晒干制成的东西。

酒蒸冬葱蛤蜊（做法见第 54 页）

蒸煮根茎菜（做法见第55页）

·酒蒸冬葱蛤蜊· 吸满蛤蜊和海带高汤的冬葱是主角

[**材料**] 2 人份

蛤蜊	250g
冬葱	5 根（100g）
海带	10g
清酒	1/2 杯

[**做法**]

1. 将蛤蜊浸于浓度为 3% 的盐水中，放置冰箱冷藏一夜，使其吐沙。捞出蛤蜊放入盆中，倒入清水没过蛤蜊，用手揉搓蛤蜊（1–a），让蛤蜊壳相互摩擦，去除表面污渍。冬葱斜切成 5cm 长的段，葱白和葱叶分开放置（1–b）。

◎蛤蜊壳上沾有污渍和气味，需好好搓洗去除。

◎葱白甘甜，能中和涩味。葱叶部分有清香。葱叶比葱白熟得快，加热时需掌握好时间差，故需将葱叶、葱白分开放置。

2. 将海带、蛤蜊、清酒、1/4 杯水、葱白段依次放入陶锅，盖上锅盖，开中火煮制。

3. 沸腾后转为中小火。待蛤蜊张开后，放入葱叶。盖上盖，关火，闷 1 分钟左右。

4. 冬葱蘸汤汁趁热食用。

1-a 1-b 2

食材的咸甜味平衡得恰到好处

蛤蜊在初春和入秋时肉质饱满，最为美味。"酒蒸蛤蜊"一直以来都是家常菜的代表。但若只有蛤蜊，咸味容易过重，现代崇尚减盐的人士会稍感太咸。因此，加入带有甜味的食材来平衡咸味是不错的选择。

于是我加入了带甜味的冬葱，让它吸取蛤蜊和海带咸鲜的汤汁，以平衡咸味。为了能让冬葱充分吸取汤汁，可斜切冬葱增大吸取面积。除了冬葱，也可选用当季的白菜，它和冬葱有着相同的甘甜。

我是为了能直接端上餐桌所以用了陶锅，大家也可以用平底锅烹饪之后盛入其他器皿。

· 蒸煮根茎菜 · 蘸上清爽高汤品尝

[材料] 2 人份

莲藕	50g
芋头	2 个
金时胡萝卜（或者胡萝卜）	
	4cm
红薯	4cm
沙拉用菠菜	2 棵
海带（边长 10cm 的方形）	
	1 片
盐	少许
鲣鱼海带高汤	1 杯
味醂	2 茶匙
薄口酱油	2 茶匙

[做法]

1. 莲藕、芋头、胡萝卜去皮切成一口大小的块。红薯带皮切成一口大小的块。

2. 准备深口碗碟，比着碗底将海带切成碗底大小。在碗底铺上海带，再放入步骤 1 处理好的食材，撒上少许盐。

◎ 既可以全都放入一个碗中，也可以分开摆盘，在两个盛器中各放入 1 人份的量。

3. 将步骤 2 中装好食材的碗放入水已煮沸的蒸锅中，用大火蒸煮 10 分钟左右，煮至莲藕能用竹签刺穿时取出。

4. 小锅中加入鲣鱼海带高汤、味醂、薄口酱油，开中火加热。

5. 将沙拉用菠菜切成易食大小，放入步骤 3 的碗中。淋上步骤 4 做好的调味汁后即可食用。

一起享用少盐温和的味道吧

　　"蒸煮根茎菜"的关键是鲜味。高汤和海带的鲜味，可以衬托出食材的原味。调味料少，考验的便是食材的味道，所以请一定要选用质量上乘的蔬菜。

　　另外，最好不要使用微波炉加热，而是采用蒸煮的方式。花上时间，才能让海带的鲜味好好地渗满每一种蔬菜。上好的蔬菜，仅用蒸就能蒸出好味道。若再淋上清爽的高汤，做成拼盘，菜肴则水润适中，更易食用。

　　这道菜食材的原味很温和，所以非常适宜用来搭配早餐。味道浓重的话，舌头马上就会感知到味道，极易不加咀嚼就吞下。但是味道清淡的话，为了好好探寻这份味道，人们就会好好咀嚼品尝一番，这也利于消化。

炸樱花虾盖饭（做法见第 58—59 页）

酒酿蛤蜊汤（做法见第 60—61 页）

·炸樱花虾盖饭· 尽情品尝酥香小虾的鲜味

[材料] 4 人份

水煮樱花虾	120g
低筋面粉	适量
米饭	适量
柚子皮	少许
炸油	适量
鲣鱼海带高汤	60mL

面糊
（易做的量）

蛋黄	1/2 个
低筋面粉	1/2 杯
水	适量

作料汁
（成品约 250mL）

清酒	80mL
味醂	140mL
酱油	60mL

[做法]

1. 制作作料汁（做法见第 12 页）。柚子皮切丝。

2. 制作面糊。把蛋黄和 1/2 杯水混合打散，加入低筋面粉用打蛋器搅拌均匀。

3. 小碗中放入 30g 樱花虾和 2 茶匙低筋面粉，轻轻晃动小碗使樱花虾裹上薄薄的一层面粉。再加入 1 汤匙面糊后混匀。如此做出 4 份虾。

4. 炸油入锅加热至 190℃后，将步骤 3 中处理好的其中一份虾从低处入油锅（4-a）。入锅后马上加大火力，用筷子不时翻面并调整火候，将其炸至酥脆（4-b）。

5. 锅中加入作料汁、高汤、柚子皮丝后煮沸（5-a），再放入步骤 4 中刚炸好的虾（5-b）。剩下的 3 份同样操作。

◎炸物刚炸好即放入汤汁中，可以让味道充分浸透。

6. 器皿中盛入米饭，铺上步骤 5 做好的炸虾即可。

对于炸物[1]来说，油温是关键

　　炸物又可以称作"有温度差的菜肴"。将低筋面粉、鸡蛋、水混合制成的冷面糊入锅瞬间加热后，水分得以去除，面粉和鸡蛋则会凝固。

　　手法娴熟、瞬间升温是炸物酥脆的诀窍。因此，入锅时的油温非常重要。不太熟练时可以使用温度计来辅助。这道"炸樱花虾"是用 190℃的油温煎炸的。炸得不顺利，很多时候是

---

1. 油炸类料理。

因为没有考虑到冰冷的食材入锅后，锅内油温会下降这一点。所以油锅中每次不要放入太多食材，放入食材后也要注意调节火候，不要让油温下降。下一次食材入锅之前，也应再次确认油温。放入食材的时机是需要等待的。因为燃气灶的火口是圆形的，所以油锅的外围比中心处温度高，那么抵着食材在锅中轻轻打转，就可以使锅中油温保持均衡。

油炸的要点还在于挂上薄薄的面糊。有时炸物在油中会散开，这是因为蔬菜等表面析出的水会使得食材分离、面衣脱落。所以在一开始控干食材、抹上低筋面粉能够有效防止食材在煎炸过程中出水。也可以使用稍小一些的炸锅，一次煎炸一人份，这样食材不容易分散，也比较省油。

炸物盖饭的食材组合多种多样，比如牛蒡和猪肉、贝类和九条葱等的搭配也十分合拍。

· 酒酿蛤蜊汤 · 用酒糟呈现出的优雅味道

[材料] 2 人份

蛤蜊	8~10 个（300g）
金时胡萝卜	60g
芜菁	100g
芹菜	10g
柚子皮	少许
鲣鱼海带高汤	$1\frac{1}{2}$ 杯
薄口酱油	1/2 茶匙

酒糟糊
（易做的量）

酒糟	200g
白味噌	65g
清酒、水	各 1/4 杯

[做法]

1. 将蛤蜊倒入深口方碗中一边用水冲洗，一边用手搅拌，让蛤蜊相互摩擦，去除脏污。

2. 将胡萝卜和芜菁去皮，切成长约 4cm 的细条。柚子皮切丝。芹菜切成 4cm 长的段。

3. 制作酒糟糊。将酒糟糊的材料全部放入料理机中，打至顺滑。

◎为了让酒糟容易打匀，可先加入清水将其调成糊状。

4. 锅中加入胡萝卜条、芜菁条、鲣鱼海带高汤和蛤蜊，开大火煮制。

5. 步骤 4 的汤沸腾之后转至小火，撇去浮沫。待蛤蜊张开后（5-a），取 100g 步骤 3 做好的酒糟糊，用味噌滤勺过滤后融入汤中（5-b）。

6. 加入薄口酱油调味，再加入芹菜段、柚子皮丝，关火，倒入容器。

让我们来认识一下适量的鲜味

"酒酿蛤蜊汤"这道吸物发挥了蛤蜊和酒糟的风味，味道沁人心脾。

希望您能在每日的烹饪中留心食材本身的鲜味。若是因为担心菜肴的风味，不自觉地添加很多速食高汤，或是加入过多的调味料，就会破坏食材本身的鲜味。若能了解如何将食材本身的鲜味进行组合，搭配出适度的鲜味，那么即使不加入过多的调味料，也能烹饪出美味。

比如若是选用了比一般蛤蜊更为肥硕的蛤蜊，那么就无须选用鲣鱼海带高汤，而可以使用海带高汤作为汤底里的高汤。大家可以试着调整鲜味的分量，这样也能使食材的原味被衬托得更加分明。

冬天时，可以把蛤蜊换成牡蛎，芜菁换成白萝卜，芹菜换成菠菜等。有什么就买什么，多多地尝试各种食材吧。

酒糟糊的味道会根据酒糟和味噌的种类而改变，所以可以边试味边调整用量。除

了酒酿汤，酒糟还可用于各色料理。比如在酒糟糊中加入芥末，再拌入烫过的青菜、鸡胸肉和金枪鱼刺身，也极具风味。在这道菜中，酒糟就成了芥末酱菜的清爽拌料汁。另外我也非常推荐"味噌烤鱼"这道菜：酒糟中加入白味噌做成酒糟底，将鱼段放入酒糟底腌渍一晚后再进行煎烤。腌渍鱼段剩下的酒糟底，撇去表面渗出的水后，还能再使用 1~2 次；装入储存容器放入冰箱冷藏，还能保存 1 个月左右，使用前倒去渗出的水即可。

· 醋味噌拌赤贝芹菜 · 酸甜的醋汁引发食欲

[**材料**] 2 人份

赤贝（刺身用）	2 个
芹菜	2 把
柑橘（或柚子、酸橘、臭橙等）挤汁	1/2 汤匙
熟芥末	1/4 茶匙
盐	少许

玉味噌
（易做的量）

蛋黄	1 个
白味噌	150g
三温糖	12g
清酒	$1\frac{1}{2}$ 汤匙
味醂	$1\frac{1}{3}$ 汤匙

[**做法**]

1. 制作玉味噌。将材料放入锅中，用木铲搅拌。开中火，每一铲都铲到锅底后再翻拌，以避免烧焦。沸腾后关火下灶，散热。

2. 制作醋味噌。碗中加入 50g 玉味噌、柑橘挤汁、熟芥末，用打蛋器拌匀。

3. **赤贝切细丝**。锅中加水烧开，加入少许食盐，将芹菜焯水，再过冷水，拧干后去根，切成 5cm 长的细段。赤贝丝和芹菜段放入碟中，再淋上醋味噌即可食用。

◎这道菜品中的芹菜可用冬葱代替，赤贝可用鸟蛤等贝类代替，或是替换为章鱼、鱿鱼和金枪鱼刺身也非常美味。

◎玉味噌若是密封后放入冰箱冷藏，可保存 3 个月左右。加入柚子皮和高汤稀释后做成"柚子味噌"，浇到煮软的白萝卜上也十分美味。

让我们享受春日里的蔬菜的口感吧

　　芹菜、竹笋、蜂斗菜、楤木芽、荚果蕨、蕨菜等这些春日里的蔬菜自带苦味，但我并不想去除那份苦味，而是想将其变成美味。何况它们爽脆的口感也别有一番滋味。芹菜只要迅速焯水，不加热过度，就不会丧失香味。相反，冬日当季的白萝卜、胡萝卜等种在土里的根类植物则需要慢慢地加热烹调。

　　醋味噌既可以用于蘸食，也可以和食材拌在一起，让食材看上去好似"涂了颜料"。拌完后就要迅速品尝吧，否则放置时间太久，食材会出水变软的。如果用于蘸食，那么可以根据自己的喜好蘸取适量的醋味噌。这样稍微改变一下拌料汁的使用方法，就会做出一道不一样的菜肴，请您一定尝试做做看。

· 醋腌芜菁片 · 能品尝到海带鲜味的腌渍菜品

[**材料**] 易做的分量

芜菁   3 个
海带（10cm×25cm 的方形）
       1 片
醋、味醂   各 1 茶匙
盐、柚子皮   各适量

[**做法**]

1. 芜菁去叶，留下 3cm 左右的茎，用切片器连皮削成厚约 2mm 的薄片。（手执留下的茎部，方便削片。）

2. 碗中加入 2 杯水和 1 汤匙盐(约15g)充分搅拌，制成浓度为 3% 的盐水。再放入芜菁片，浸泡 15~20 分钟。

◎用盐水浸泡可以使芜菁脱水变软，也可以使其提前入味。

3. 小碗中倒入醋和味醂混合均匀。一只手端着碗，迅速洒满海带的一面。

4. 将用盐水浸泡好的芜菁片捞出，挤去多余的水分，将其稍有重叠地平铺在海带上（4-a）。将海带连着芜菁片一起卷起（4-b），再用橡皮筋扎紧。放置 20 分钟后，解开橡皮筋，取出芜菁片，盛入器皿中，撒上捣碎的柚子皮即可。

迅速做好的腌渍菜品让餐桌更加多样

    无论把它当作小菜还是点心，腌渍菜品都是餐桌上使人舒心的存在。但是市面上销售的腌菜添加了许多合成甜味料，甜味古怪，让人介怀。

    这道"醋腌芜菁片"的腌渍时间不到 1 小时，却能让人品尝到芜菁的甜味和明显的海带的鲜味。因为制作简单，所以当作便当的小菜也非常方便。

    用完的海带如果用保鲜膜封上放回冰箱，可以重复使用 2~3 次。之后几次也采用相同手法用其卷起芜菁片，但卷后静置的时间要逐渐变长，第二次为 30 分钟，第三次为 40 分钟。海带的背面也可以使用。也可将海带切丝，跟腌芜菁片一同食用。

· 莲藕包 ·
口感稠滑的美味莲藕

[材料] 4 人份

莲藕	200g
油菜花	2 棵
鲣鱼海带高汤	1/2 杯
吉野葛	50g
炒芝麻	8g
盐	1/2 茶匙
炸油	适量
熟芥末	适量

银馅

鲣鱼海带高汤	2 杯
薄口酱油	2 茶匙
盐	少许
吉野葛	10g
水	2 汤匙

[做法]

1. 莲藕去皮，切成大小适中的藕块放入料理机，打至细碎。油菜花迅速焯水后切为两半。

2. 锅中倒入步骤 1 处理好的莲藕碎、鲣鱼海带高汤、吉野葛、炒芝麻和盐，开中火，用木铲耐心炒至水分蒸发。

3. 小碗中垫入保鲜膜，倒入 1/4 步骤 2 中处理好的食材，拧成茶巾绞的形状后用橡皮筋扎紧，放入冰水中冷却凝固。依此做出 4 个。

4. 制作银馅。锅中倒入鲣鱼海带高汤、薄口酱油和盐，中火煮沸，关火。将吉野葛溶于水后，倒入锅中搅拌成糊。

5. 炸油热至 170℃，将步骤 3 中处理好的食材去掉保鲜膜，入油锅炸至焦黄后，盛入器皿中，淋上银馅、摆上油菜花、撒上熟芥末后即可食用。

温暖的记忆织出自家味道

在这道"莲藕包"中可以品尝到莲藕和吉野葛的稠滑口感。这也是我刚参加烹饪进修不久后，回到久违的老家时给父母做的菜肴之一。至今我还记得当时做这道菜是因为父母问道："最近学了怎样的菜肴呢，做一个试试？"结果父母一边吃着一边夸到"好吃，好吃"。于是，虽然这道菜做起来比较费劲，却成了我经常做的"自家味道"。

这是一道拥有温暖记忆的菜肴：全家人围着桌子坐在一起，一边吃着一边说"真好吃，口感真好"。一段时间不做就会想着"差不多又想吃了""是时候又想做了"。它就这样成了我们家的招牌味道。

山椒炒时蔬（做法见第 70 页）

竹笋蚕豆焖饭（做法见第 71 页）

· 山椒炒时蔬 · 野菜的苦味搭配山椒正相宜

[材料] 2 人份

竹笋（水煮罐头）	1/2 棵
楤木芽	8 棵
蜂斗菜	1 棵
荚果蕨	6 棵
盐	适量
芝麻油	1 汤匙
山椒粉、花椒芽	各适量

作料汁
（成品约 70mL）

味醂	$2\frac{2}{3}$ 汤匙
清酒	$1\frac{1}{2}$ 汤匙
酱油	1 汤匙

[做法]

1. 制作作料汁。锅中倒入味醂和清酒，开中火，煮沸释放出酒精。关火，冷却后加入酱油。

2. 竹笋竖切为 8 等份。切除楤木芽根部的坚硬部分。荚果蕨对半切开。蜂斗菜切成 10cm 长的段后排列在砧板上，撒上 1 茶匙盐，用手掌压着蜂斗菜在砧板上搓动。然后将蜂斗菜用热水焯 3~5 分钟，变软后将其放入冷水中。捞出蜂斗菜，去掉老筋，切成 5cm 左右长的段。

3. 炒锅开中火热锅，倒入芝麻油，放入竹笋、楤木芽、荚果蕨、蜂斗菜煎炒。待所有食材都微微带有煎痕后，一点点加入作料汁，转小火，用筷子翻搅均匀。炒至野菜全熟但没有回缩时，关火，盛入容器中，撒上山椒粉，用花椒芽装饰即可。

迅速翻炒春天的野菜，品尝那份苦味

　　这道"山椒炒时蔬"是用咸甜口作料汁迅速炒煮而成的。加入山椒粉和花椒芽后，味道绷紧不散，与春天蔬菜的苦味相得益彰，更显美味。蜂斗菜焯水前先在砧板上搓动，色泽会更加鲜艳，老筋也更容易去除。为了使蔬菜更显葱绿，应在焯水后立即将其放入冷水中冷却。

　　烹调的时候，不是细火慢煮，而是煎炒后再煮，这是为了保留蔬菜的苦味和甜味。煎炒至蔬菜表面出现煎痕，煎痕出香，香味又能带出蔬菜的苦味。而且煮前煎炒也是为了使蔬菜短时间热透。煎炒后蔬菜含水量减少，便可以很好地吸收调味料，更易入味。除了野菜，菇类也十分适合这道山椒炒时蔬，有机会可以尝试一下。

·竹笋蚕豆焖饭·

充分吸收了鲜味的油豆腐隐藏其中

[**材料**] 4 人份

竹笋（水煮罐头）	120g
蚕豆荚果	10 个
油豆腐	1 片
米	2 合[1]
盐	适量
鲣鱼海带高汤	2 杯
味酥	2 汤匙
薄口酱油	2 汤匙
浓口酱油	1 汤匙
清酒	2 汤匙

[**做法**]

1. 米淘洗后浸泡 20 分钟左右，然后用笊篱捞出控干。竹笋切成 2cm 长的笋块。流水冲洗揉搓油豆腐后，将其拧出水分，切成 1cm 宽。将蚕豆从荚中剥出，撒盐，用热水焯 2 分 30 秒至 3 分钟后，剥掉皮。

◎大米吸水、控干后再煮，米饭就会变得松软，而不是黏糊糊的。

2. 锅中放入竹笋块和鲣鱼海带高汤，开中火。煮开后加入其他 4 种调味料，再次沸腾后关火。

3. 陶锅中倒入大米并铺平，再撒上油豆腐，接着将步骤 2 中的食材连汁倒入锅中。盖上盖，依次用小火煮 3 分钟、大火煮 5 分钟、中小火煮 5 分钟、小火煮 5 分钟，关火。加入蚕豆后迅速盖上盖闷 5 分钟。充分搅拌混合后，盛入碗中食用。

重视当季食材的存在感

我在烹饪过程中最先留心的便是当季食材。使用当季食材的话，即使不做什么特殊的烹调，菜肴也会非常美味。这道"竹笋蚕豆焖饭"无论是味道还是外观都给人一种春天般的感觉。

为了体现出竹笋和蚕豆的存在感，将油豆腐切窄，便不会喧宾夺主。竹笋采下的时间越长，涩味越浓，口感越硬；所以选用那些采摘后便就地焯水做成水煮罐头，再运输销售的竹笋，有时会比直接煮生笋更加美味。更重要的是，这样烹饪起来更为方便快捷，所以我与大家分享了这道使用水煮罐头做的菜肴。无须使用陶锅，与平常一样用电饭煲煮饭即可。越是像焖饭这种稀松平常、谁都能猜出味道的菜肴，我们就越是想做出美味！

1. 日本度量衡制尺贯法中的体积单位，1 合为 1 升的 1/10。

　　我有一本特别喜欢、会反复翻看的烹饪书籍。它用法语写着沙拉酱、蛋黄酱、调味汁的制作方法，在菜谱的步骤中写着"1、在晴朗的日子里，打开窗户深呼吸"什么的。菜谱中竟然会有步骤不出现任何一味食材，有趣吧？其实这是在传递这样的信息："品尝沙拉就应该在晴朗的日子里""搅拌调味汁的时候要以闲适的心情一点一点地制作"。

　　菜肴做得是否可口，不是看刚出锅的时候，而是看品尝的时候，这一点毋庸置疑。因此，比起食材、烹饪技术娴熟程度和菜谱，天气等因素也许反而会左右对"美味"的真正体验。

　　同时，菜肴也是经人之手做出来的东西，所以烹饪时手的情况也会大大影响菜肴的口味。面带微笑、以舒畅的心情做出来的菜肴就会可口，而怀着焦躁心情做出的菜肴，只会让食材味道相冲。

　　当然，在繁忙的日子里，要考虑当日的天气、食客的心情，还要自己心情美美地做菜，着实不易；但这的确是比菜谱更重要的东西。

　　我在这本书中推荐大家，事先做好一些宜于保存、能用于许多菜品的"调味料组合"，多做一些小菜当作常备菜肴。这正是因为，我希望大家能珍惜那份闲适的心情。

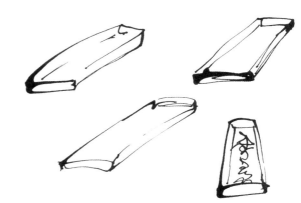

夏日的家常菜

夏季是叶子沐浴阳光的季节，
是吃青背鱼的季节。
发挥香辛料和酸味的作用，
做出爽口的菜肴吧。

·煎鲣鱼· 鱼皮煎得酥脆咸香

[材料] 2人份

鲣鱼块（带皮）	160g
盐	适量
胡椒	适量
熟芥末	适量

[做法]

1. 用菜刀去除鲣鱼的血合肉，在鱼皮上斜划出较密刀口。在鱼块两面撒上盐。

2. 不粘锅用中火热锅后，鱼皮朝下将鱼块放入锅中，撒上胡椒。待鲣鱼析出脂肪后，拿起鲣鱼块，用厨房纸擦去油脂。再次将鲣鱼块放回锅中，用手捏着鲣鱼块向下按压。这样操作，鱼皮便能煎烤均匀。当不再析出脂肪后，将鱼块取出，用菜刀切成1cm左右厚度。盛入器皿中，摆上熟芥末。

◎鲣鱼如果熟透肉质会变硬，所以仅烤鱼皮表面即可。斜切鱼皮，能让皮下脂肪更易析出，再用析出的鱼油煎烤鱼块。这样做可以品尝到温热鱼皮和清凉鱼肉的温度反差。

◎鲣鱼肉很难吸收进液体，所以即使蘸了酱油也会滑落，无法入味。反倒是烤焦的表皮会吸进油盐的滋味，让人可以品尝到牛排一般的咸香。盐、胡椒和熟芥末可以有效抑制鱼腥味，衬托出鲣鱼的甘甜鲜香。

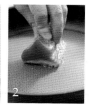

用适合食材的煎法充分展现食材的美味

我在法国的日料店工作的时候，有一次把烤完的鲣鱼浸到了凉水里，法国的帮厨便问："为什么要浸水呢？"我说因为不能烫着端出去。他说："可是牛排煎完也不会洗一洗呀。"的确，牛排煎制后溢出脂肪，此时再渗入盐，则鲜味尽出。我们不会说要洗去这份味道。虽然我当时回答道"我还会再用作料来增味的，没事儿"，但是这个疑惑还是留在了心头。之后我反复试错，终于想出了这道菜的煎法——仅仅煎烤鱼皮，使鱼肉保持清凉，无须浸凉水。

·猪肉生姜烧· 酥香的煎痕也要趁美味之时品尝

[**材料**] 2人份

猪里脊（生姜烧专用）

　　　　　　4 片（200g）

白菜　　　　　140g

芝麻油　　　　1 汤匙

酱汁

生姜　　　　　　1 片

味醂　　　　　1 汤匙

清酒　　　　　1 汤匙

酱油　　　　　1 汤匙

沙拉浇汁

蛋黄酱　　　　2 汤匙

薄口酱油　　　2 茶匙

米醋　　　　　2 茶匙

味醂　　　　　2 茶匙

[**做法**]

1. 生姜捣碎，倒入平底方盘中，再倒入酱汁的各味调味料，混合均匀。放入猪肉平铺开，中途翻面使酱汁吸收，腌渍 2~3 分钟。

2. 白菜切丝，流水冲洗，控干后再用厨房纸拭去多余的水。将沙拉浇汁的材料倒入碗中，用打蛋器充分搅拌，混合均匀。

3. 煎锅大火热锅，抹上芝麻油。油热后，将步骤1的食材连汁倒入锅中。让猪肉裹上酱汁，煎至猪肉变色、两面焦香。

4. 白菜丝盛入器皿中，淋上沙拉浇汁，再在白菜丝上摆上煎好的肉。

发挥香辛料作用，祛除暑气

　　我喜欢使用生姜、山椒和胡椒等香辛料。通常情况下，都是用盐给蔬菜和肉提鲜的，但是若再加入香辛料的香味和辣味，菜肴的口味便会更丰富。而且香辛料也有助于增进食欲，促进消化吸收。特别是在食欲不振的夏天，我想要熟稔地运用它。

　　这道"猪肉生姜烧"中，生姜可以锁住味醂的甘甜。也许你会觉得意外，但我比较喜欢选用中国产的生姜，它们比日本产的生姜味道更柔和、香气更浓。在白菜用的沙拉浇汁里加入芥末的话，猪肉的鲜味就会更加突出。您可以根据自己的喜好进行尝试。

·猪肉生菜冷呷哺[1]· 可以品尝出猪肉甘甜的嫩滑冷呷哺

[**材料**] 2人份

猪里脊薄切（火锅专用）
　　　　　　　　　100g
生菜　　　　　100g

> ### 料汁
>
> 鲣鱼海带高汤　110mL
> 酱油　　　　1⅓汤匙
> 味醂　　　　1汤匙

[**做法**]

1. 混合料汁所有材料，放入冰箱冷藏。
2. 碗中备好冰水。锅中倒水开中火，当锅中出现细小泡泡时，放入生菜焯水。生菜变色后捞出，放入冰水中。待生菜完全冷却后，用笊篱将其捞起控水。
3. 焯过生菜的热水继续开火加热，无须沸腾。展开1片猪肉，入锅，待猪肉变色但还带有些许肉粉色时，将其夹起，放入步骤2的冰水中。待所有猪肉烫完并放入冰水中冷却后，再用笊篱将其捞起控水。

◎ 猪肉煮过劲了，就会肉色发白、肉质变硬。所以一定要留心猪肉颜色的变化，适时夹起。

4. 猪肉和生菜盛入器皿中，蘸着步骤1中做好的料汁食用。

◎ 将猪肉换成火锅专用的肥牛片，生菜换成其他沙拉蔬菜也同样美味。

让食材活起来的焯法秘诀

　　夏季会比较想吃清爽而不油腻的食物。焯水这种烹饪方法可以使食材的油脂适度脱落，口感更佳，非常适合夏季。

　　在烫肉和鱼的时候，关键在于切勿过度加热，否则肉质就会干柴。猪肉的冷呷哺这道菜，是将猪肉放入临近沸腾的热水中，在猪肉还带有些许肉粉色的时候将其从热水中捞出，入冰水散热的。这样一来，便能品尝到猪肉的甘甜和嫩滑。

　　焯生菜这步骤可能让大家感到意外，但是这一步可以去除生菜多余的水分，使生菜口感爽脆、甜味更甚，这是我个人非常推荐的食用方法。

　　添上熟芥末，淋几滴芝麻油，蘸着生姜汁和柠檬汁食用，这道菜的口感将更加丰富。请您根据自己的喜好进行调整。

---

1. 指日式火锅（しゃぶしゃぶ），其日语发音近似"呷哺呷哺"。

南蛮醋渍竹荚鱼（做法见第 82—83 页）

比目鱼梅子煮（做法见第84—85页）

·南蛮醋渍竹荚鱼· 味道清爽，百吃不厌

[材料] 易做的分量

小竹荚鱼	12 条
洋葱	1 个
酸橘	适量
七味粉[1]	适量
低筋面粉	适量
炸油	适量

南蛮醋

三温糖	30g
薄口酱油	1/2 杯
味醂	1/2 杯
纯米醋	1/2 杯
清酒	1/2 杯
鲣鱼海带高汤	1/2 杯

[做法]

1. 用菜刀刮去竹荚鱼的棱鳞（1-a），扒开鱼鳃，伸入刀尖，用刀尖压住内脏（1-b），将其扯出（1-c）。从鱼鳃处插入筷子，取出残余内脏（1-d）。将处理好的鱼冲洗干净后擦去水。

◎若内脏不清理干净，炸时会崩油烫伤人。用手指插入鱼鳃取内脏的话容易受伤，所以使用菜刀或筷子为宜。

2. 将洋葱竖着对半切，再与纤维呈直角将其切成细条。

3. 制作南蛮醋。将其他材料全部倒入锅中煮沸后，再加入三温糖充分混合。

4. 小锅中加水煮沸，静置。给竹荚鱼裹上低筋面粉后，抖掉多余面粉。用 180~190℃热油炸鱼（4-a），炸至轻微上色后，用漏勺等工具每次捞出三四条竹荚鱼，放入小锅中的沸水中后迅速捞起（4-b），沥干水后放入碗中。

5. 在步骤 4 做好的竹荚鱼上放上洋葱条，倒入热南蛮醋，连碗一同浸入冰水中冷却约 20 分钟。待竹荚鱼吸满南蛮醋后，挤上酸橘汁，盛入器皿中，撒上七味粉。

悉心调味，做出清爽味道

为了让家常菜通过调味变得爽口，我们通常会加入酸味。这道"南蛮醋渍竹荚鱼"的调味醋里，除了薄口酱油、味醂、纯米醋以 1:1:1 的比例调配的"三杯醋"之外，还加入了等

---

1. 日料中常用的调味料，以辣椒和其他 6 种不同的香辛料配制而成。

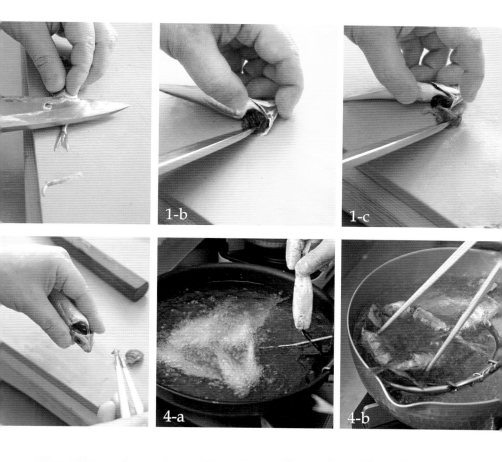

量的清酒和高汤，又加入三温糖调拌成了"南蛮醋"，故南蛮醋又称"五杯醋"。仅仅使用三杯醋的话，竹荚鱼会因为渗入了过多的醋而发酸，所以要再加入清酒、高汤和三温糖，使甜味隐藏其间。如果醋汁只是用于蘸食，那么可使用三杯醋；若是想让醋汁渗入食材，那么就选用南蛮醋。

炸完的竹荚鱼肉吸收了炸油，就很难再吸收南蛮醋了，所以炸完之后要迅速过沸水，去除多余的油脂。去油后，炸鱼外壳就会变成海绵状，更容易吸进南蛮醋，鱼肉的味道也更加清爽而不油腻。对于去油这一步，浸入沸水是最好的方法，但用浇沸水的方法也可以帮助去除部分油脂。最重要的是要趁着竹荚鱼刚炸完还热着的时候迅速浸入或浇上沸水，因为一旦炸鱼温度降低，就很难去油了。

洋葱在南蛮醋热着的时候比较容易吸汁，之后再用冰水降温，就可以保留洋葱微脆的口感。除了洋葱，小葱和韭菜等稍带辛辣味的蔬菜也很搭。最后挤上酸橘等柑橘的汁，这道菜肴便有了水果般的清爽酸香。除了小竹荚鱼，脆渍的主要食材也可选用大竹荚鱼、比目鱼、炸鸡块等。这道菜冷藏可保存2~3日。

·比目鱼梅子煮· 酸甜口感的清爽煮物

[**材料**] 2 人份

比目鱼（切块）	2 块
独活	10cm
梅干	2 颗
清酒	约 250mL
酱油、三温糖	各 1 汤匙
花椒芽	适量

[**做法**]

1. 将比目鱼进行霜降[1]处理。锅中加水煮沸，将比目鱼迅速浸入沸水中再捞出（1–a）。再将比目鱼放入冰水中，用手或者炊帚去除表面的脏物和黏液（1–b，1–c）。

◎霜降处理可以去除鱼腥味。这一步仅仅是为了让比目鱼表面的蛋白质凝固，所以浸入沸水 10 秒钟左右即可。

2. 独活去皮，切成长 5cm、厚 5mm 的大小。梅干用竹签扎上几下。

◎用竹签扎梅干可以让梅子的酸味更易融入汤汁中。

3. 找一口和比目鱼大小相称的锅（直径 24cm 左右），放入比目鱼、梅干和独活。倒入没过比目鱼一半高的清酒，开大火（3–a）。沸腾之后，加入酱油和三温糖（3–b），用锡箔纸代替锅盖，盖住比目鱼（3–c），小火煮 7 分钟左右。

◎如果清酒倒得没过比目鱼的话，鲜味就会变淡，所以请留心不要倒入过量的清酒。

4. 将比目鱼、独活和梅干盛入餐具中，浇上汤汁，摆上花椒芽。比目鱼配着些许梅干一同食用即可。

聊一聊为什么要用清酒煮鱼

　　像金吉鱼、金目鲷这些脂肪较多的鱼，经过加热会流失脂肪，那就必须要补充流失的盐分和浓香。这时我们会采用浓口酱油或者上色酱油等重口调味料来煮汁，最后会感受到鱼脂的甘甜。

1. 烹饪中类似焯水的一种处理手法。

1-b

1-c

3-b

3-c

　　相反，像比目鱼、鲇鱼、鲈鱼这些脂肪和鲜味相对较少的白身鱼，我们不会用盐使其味道浓重，而是通过增添酸味来调味。这道"比目鱼梅子煮"，就将比目鱼和梅干一同煮出了和夏日十分搭配的清爽风味。加入梅干一同熬煮可以去除鱼腥味，使鱼肉更加紧致，且可以防止鱼肉煮碎。也可以用2~3颗梅核代替整颗梅干，功效相同。

　　不仅是比目鱼，对于鲷鱼头、鲕鱼鱼杂碎、鲦鱼等来说，清酒炖煮也是最理想的选择。这是因为清酒的沸点比水低，而蛋白质经高温加热会骤缩，鱼和肉的肉汁和鲜味就会丧失。用较低温度慢慢加热，则能有效控制蛋白质的收缩，锁住鱼和肉的水分和鲜味。保持70℃左右的温度炖煮，鱼和肉就能美味可口，肉质不会过硬。

　　从口味角度来说，清酒是甘甜的集聚体，炖煮之后更加美味。而且清酒还可以有效去腥。不过去除鱼腥味最重要的一步，就是在焯水后认真地去除黏液。焯水仅是为了使蛋白质凝固，所以没必要烫太长时间。

· 玉米鲜虾真薯碗 · 在口中慢慢地融化

[材料] 4人份

虾仁	120g
玉米粒	80g
蛋清	1个
鲣鱼海带高汤	360mL
盐	适量
薄口酱油	适量
清酒	1茶匙
淀粉	1汤匙
葛粉（或者淀粉）	1汤匙
白瓜、黑木耳	各适量

[做法]

1. 将玉米粒切碎至半粒大小，放入碗中，倒入葛粉混合搅匀。

2. 另一只碗中放入去好虾线的虾仁、蛋清和淀粉，搅拌均匀。腌渍片刻并用流水冲洗后，用厨房纸一只一只地拭去虾仁表面的水。

3. 每只虾仁切成3等份，倒入料理机粗打，再倒回碗中。加入玉米碎和两撮食盐，用手搅拌均匀后，分成4等份，捏成丸子。将丸子放入铺了耐油纸的平底方盘中，入蒸锅小火蒸8~10分钟。

4. 制作高汤。锅中倒入鲣鱼海带高汤煮沸，慢慢加入1小撮盐，边加边试味，咸度还不够则再加一些盐。滴入2~3滴薄口酱油提香，再倒入清酒，制作完毕。

5. 将步骤3中蒸好的虾仁丸子盛入小碗中，再加入去籽薄切后炒过的白瓜，以及泡发后迅速焯过的黑木耳，最后浇满高汤。

用盐来决定吸物的味道

　　在我的餐厅"神田"里，这道"玉米鲜虾真薯碗"也是夏季经常端上餐桌的人气菜肴。为了保留虾仁饱满的口感和玉米"咔嚓咔嚓"的口感，不要把它们打得过碎。除了玉米之外，也可选用蚕豆、青豆等豆类食材。

　　吸物的调味要点在于，最开始先品尝没有加过盐的汤底，接着一点点地加入盐试味，边试味就会边了解到各个阶段汤的状态——"原来加这些盐是这番滋味"。之后加入酱油和清酒仅是出于提香的考虑，汤的味道其实还是由盐决定的。希望您能在品尝的时候，两手端着汤碗，集中精神，让心贴近食物，细细寻找其间的美味。

·鲜虾索面· 淡淡的甜香、细滑的口感

[材料] 2人份

索面	2把
细葱	适量
酸橘	适量

虾高汤面汁

干虾	12g
水	$2\frac{1}{4}$ 杯
味醂	1/4 杯
薄口酱油	1/4 杯

[做法]

1. 制作面汁。锅中放入干虾和水，常温静置 3~4 小时后，开大火，烧至沸腾后撇去浮沫，再用笊篱滤出汤汁。将两杯干虾高汤、味醂、薄口酱油倒入碗中混合，连碗一同放入冰水中冷却。

2. 大锅中倒入水煮沸，放入索面。用长筷不断搅动索面，大火煮 1 分钟后，用笊篱捞出索面，用流水轻轻冲洗散热。接着将索面放入冰水中用手轻搅，再用笊篱捞出迅速沥干水。

◎索面的嚼劲是它的生命。我推荐选用放置了3年左右的索面。索面很细，放入沸水中后容易变软，所以加热1分钟足矣。索面放入冰水中搅动后更有嚼劲。

3. 将索面和面汁放入冰镇过的碗中，撒上切碎的细葱，挤上酸橘汁后即可食用。

◎挤上酸橘汁后，味道更加鲜美。也可根据个人喜好添加适量茗荷。

重视口感、温度和用心的细节

　　夏季容易食欲不振。品尝顺滑美味的索面时，别忘了要使用冰镇过的器皿，这是个用心的小细节。虽然只是个很细微的心思，但这份清凉可以驱走疲惫，治愈燥热的身心。不过，光是吃冰冷的食物，身体容易受寒。所以请搭配刚煮出锅的温热毛豆或者生姜，一同享用。生姜虽然偏凉，但是可以预防受寒，是我非常推荐的一种食材。试着把生姜捣成姜泥，多多地添进凉菜等菜肴里去吧。

　　虾高汤面汁里也可以加入海蕴，然后把索面换成绢豆腐，用勺子挖着吃也非常美味。除此以外，我也非常推荐用虾高汤面汁来做焖饭。

·海蕴杂炊[1]· 缠绵口感，余味无穷

[**材料**] 1人份

海蕴	120g
细葱	2 根
米饭	100g
生姜（姜泥）	1 小撮
盐	1 小撮
鲣鱼海带高汤	$1\frac{1}{2}$ 杯
味酥	1/2 汤匙
酱油	1/2 汤匙
柚子醋	适量

[**做法**]

1. 迅速冲洗海蕴，拧干水，切成约 5cm 长。细葱切碎。

◎若是咸海蕴，请放入碗中冲洗 2~3 次。盐分很足的话，泡水 30 分钟左右去除盐分。

2. 锅中放入鲣鱼海带高汤，中火煮沸。再加入盐、味酥和酱油混合，倒入米饭铲开。

3. 再次煮沸后，加入海蕴迅速熬煮，关火。加入姜泥搅拌均匀。

4. 盛入容器中，撒上细葱碎，根据个人喜好滴上几滴柚子醋后即可食用。

用温暖的食物唤醒食欲

　　"海蕴杂炊"带有淡淡的生姜味和葱香，吃起来非常顺滑。这道菜以美食家北山路鲁山人[2]在自家餐馆"星冈茶寮"中摆出的菜单为灵感设计而成。

　　也许您会纳闷，为什么要特意在夏天端出烫烫的杂炊呢？其实热天里吃一些暖暖的东西，出一些汗后，就会感到浑身清凉、通体舒畅。即使是夏天，若只吃凉食，肠胃也会变得脆弱。让我们品尝着温暖的家常菜、汁物，抑或是加了香辛料的菜肴，一起度过这炎炎夏日吧。

---

1. 类似于中国的粥。但是杂炊和粥不同，是直接用凉米饭制作的。

2. 北山路鲁山人（1883—1959），日本的陶艺家、篆刻家、书画家、美食家。他将自己的审美意识用于自己开的餐馆"星冈茶寮"中，推出了许多颠覆常理认知的菜肴，这家餐馆也被誉为"日本第一餐馆"。

沙丁鱼圆汤（做法见第 94—95 页）

竹荚鱼箱押寿司（做法见第96—97页）

· 沙丁鱼圆汤 ·

满口蔬菜清香的软嫩鱼圆

[**材料**] 2 人份

沙丁鱼	4 大条（600g）
山药	净重 15g
洋葱	30g
生姜	10g
茗荷	10 个
紫苏	10 片
蛋黄	1 个
鲣鱼海带高汤	$2\frac{1}{4}$ 杯
赤味噌	30g
盐	1 小撮

[**做法**]

1. 用菜刀切去沙丁鱼的鱼头，破开鱼肚去除内脏，冲洗后用厨房纸擦干。大拇指伸入鱼尾和鱼身之间，朝向鱼头方向将鱼身扒开，去骨（1–a）。用菜刀切去鱼肚、鱼尾、背鳍，再将鱼肉切成长 1cm 的鱼块（1–b）。

2. 生姜、茗荷切丝，紫苏切碎。洋葱切丝后，撒盐揉搓，用手挤水。

3. 将沙丁鱼块放入捣蒜罐，用捣蒜棒捣碎。捣碎到差不多程度时，再研磨进山药（3–a）。然后加入蛋黄，研磨至带有黏性时，加入洋葱丝、生姜丝、紫苏碎（3–b），用橡胶铲翻拌均匀。

4. 锅中倒入鲣鱼海带高汤开中火烧开，然后将步骤 3 中的混合物取适量握于左手，从虎口挤出鱼圆（4–a），右手用勺子将鱼圆刮出，放入煮沸的锅中。放完所有鱼圆后，转小火，煮 3~5 分钟。溶入赤味噌（4–b），关火，加入茗荷丝即可。

擅长在炎夏摄取营养

　　这道"沙丁鱼圆汤"里的沙丁鱼是生活在海面附近、背部呈青灰色的一种鱼类。为什么沙丁鱼背部发青？那是为了躲避天空中飞翔的鸟类的追捕，才和大海的颜色相似的。相反，沙丁鱼的腹部呈白色，这是为了与从深海向上看去时看到的颜色一致，进而得以躲避深海大鱼的捕食。也就是说，沙丁鱼的背部和腹部都是保护色。沙丁鱼、鳀鱼、鲭鱼等青鱼的身体都很柔软，微微泛红，这大概是因为海面附近水压较小吧。沙丁鱼富含 B 族维

1-b

3-a

4-a

4-b

生素，有缓解疲劳、增进食欲的功效。也许大家会觉得剖沙丁鱼是个费力活，但是把鱼身扒开后，鱼骨意外地好取。即使残留下些许小碎骨也无须担心，因为之后还会捣碎做成鱼圆，而且吃到骨头也能摄取更多钙质。鱼圆中加入了满满的洋葱、生姜和紫苏，这些带香蔬菜中淡淡的辣味和香气可以增进食欲。请享用山药研磨后的绵软弹嫩，以及蔬菜爽脆的口感吧。

汤汁中加入赤味噌也是有其理由的。怀石料理一般会在夏季使用酸味较强的赤味噌，冬天选用带甜的白味噌。1月只用白味噌，8月只用赤味噌，其他月份就使用"袚纱味噌"，即将白味噌和赤味噌混合调制成的味噌：2月赤味噌占比为1，3月为2……如此这般循环。合着季节搭配出身体所需的味道，这是自古以来的智慧。那么夏季就请试着搭配用好酸味和辣味吧。

·竹荚鱼箱押寿司· 作料可以突出味道和口感

[**材料**] 一只内径为 14cm×5.5cm×5cm 的押箱的分量

竹荚鱼	1 小条
紫苏	2 片
蘸酱黄瓜	1 根
酸橘（或者市售酸橘醋）	适量
热米饭	150g
盐	1/4 茶匙
纯米醋	略少于 1 汤匙
粗盐	3g
三温糖	7.5g
炒芝麻	1 茶匙
花椒芽、白板海带	适量

[**做法**]

1. 将竹荚鱼片成 3 片，取出鱼骨，去皮（1-a、1-b、1-c）。将竹荚鱼片摆入平底方盘，均匀撒盐后放入冰箱冷藏 1 小时。取出，挤入酸橘汁淹没鱼片，腌 10 分钟。

2. 制作寿司饭。碗中倒入纯米醋、粗盐、三温糖，用打蛋器混合，使之溶解。在平底方盘中铺入热米饭，倒入混合醋、炒芝麻、1 茶匙酸橘汁，用饭勺打散米饭、混合所有食材后，冷却。

3. 押箱模具中放入竹荚鱼片，尽量摆成同等厚度（3-a）。放入一半的寿司饭压实（3-b）。紫苏切成 1cm 宽，放在寿司饭中央，上面再放上切成蛇腹状的黄瓜（3-c）。铺上剩下的寿司饭，合上盖子，力度均匀地按压每一处。从模具中取出寿司，放上花椒芽和 1 张白板海带，切成易食大小，挤上 1 颗酸橘的汁后即可食用。

利用柑橘的酸味让食物味道分明

　　我经常在做完菜肴后再挤上酸橘汁。当菜肴味道不够的时候，比起味道浓郁的酱油和盐，使用酸橘既能控制盐分，又能让人品尝出食材质朴的原味。当食材味道比较模糊的时候，酸味的锐度则可以让菜肴的味道层次分明。

　　小时候吃德岛县特产的竹轮鱼糕时，我总是挤上满满的酸橘汁后再吃。也许您会觉得意外，但是那样的吃法味道清爽、十分美味。说起来，加工食品本身的咸味和甜味已经足够了，可是有的人会觉得直接吃还是少了点味道，于是就常蘸酱油吃。给原本就调了味的食物再蘸上调味料，这样的吃法在我们的日常生活中竟还是挺常见的。但是这样一来，食用的时候嘴里就只剩调味料的味道，无法品尝到食材的原味了。

1-b

1-c

3-b

3-c

　　不过虽说都是酸味，但谷物醋和柑橘汁还是完全不一样的风味。谷物醋是粮食发酵后制成的，所以带有鲜味；但是在品尝味道清爽的食物时，这个鲜味有时就累赘了。柑橘汁没有鲜味，但有恰如其分的果香，十分清爽。这道"竹荚鱼箱押寿司"挤的是酸橘汁，若是在冬天，柚子汁也十分契合。若是烹饪隆冬时节的海参，则可以搭配酸橙。希望您在家也能尝试将当季柑橘的酸味运用到菜肴中来。

　　白板海带能够防止寿司变干，让寿司更易存放。也可以将水、醋、砂糖以 4：1：1 的比例倒入锅中制作成甜醋，再放入白板海带，开小火咕噜咕噜地煮上 20 分钟左右后使用。或者将白板海带替换为白萝卜薄片，入甜醋浸泡 30 分钟后使用也可。

· 蒲烧沙丁鱼盖饭 · 香浓的调料汁激发食欲

[材料] 1 人份

沙丁鱼	2 条
淀粉	适量
橄榄油	适量
米饭	适量
水芹（切段）、海苔	各适量

三杯醋

米醋	1 茶匙
薄口酱油	1 茶匙
味醂	1 茶匙

调料汁
（成品约 120mL）

清酒、味醂、砂糖	各 2 汤匙
酱油、上色酱油	各 $1\frac{1}{2}$ 汤匙

[做法]

1. 制作调料汁（做法见第 13 页）。

2. 用菜刀切去沙丁鱼头，切开鱼肚去除内脏，水洗后用厨房纸擦干，再从肚子向尾巴将其扒开。大拇指从尾巴中骨开向头侧，剔除鱼骨。再切去脊骨、尾巴和背鳍，将鱼肉切成两片。

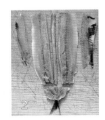

3. 平底锅置大火上，加入少许橄榄油。给沙丁鱼抹上少许淀粉，鱼皮朝下放入平底锅中。煎制过程中逼出的鱼油会有鱼腥味，需用厨房纸细心擦除。将鱼煎至微焦后翻面，两面煎出香气后关火。放置 1~2 分钟散去余热，再浇上 2 汤匙调料汁，晃动平底锅使鱼肉均匀沾裹。这样也可防止调料汁煳锅。

4. 碗中盛入米饭，再放上煎好的沙丁鱼，周围摆上用三杯醋拌过的水芹和撕碎的海苔即可。

蒲烧和照烧有诀窍

　　蒲烧和照烧这种给煎烤过的鱼和肉裹上浓郁调料汁的料理广为人知，但是很多人对于其煎烤的方法、调料汁的裹法都有误解。很多人都是这样煎鱼烤肉的吧——鱼和肉煎烤完毕后不关火，在肉表面还发白的时候就直接浇上调料汁，只听刺啦一声，外围一圈的调料汁都煳了。这样的话，鱼肉会有腥味，调料汁也黏糊糊的，一点也不美味。

　　蒲烧和照烧不是调料汁烧焦了再裹，而是要让调料汁渗入鱼和肉的煎痕中。所以要先将鱼和肉煎出香味，煎至两面都烙上明显的煎痕，关火后再浇调料汁。这样调料汁就会嗞嗞地渗入肉里，不会烧焦。这就是做蒲烧和照烧的诀窍。

· 番茄牛肉盖饭 ·　用番茄与牛肉搭配出的新鲜美味

[**材料**] 2 人份

牛里脊肉（切片）	160g
番茄（最好选用水果番茄）	
	100g
鸭儿芹叶	适量
米饭	适量

作料汁
（成品约 90mL）

味醂	4 汤匙
清酒	1 汤匙
酱油	$1\frac{1}{2}$ 汤匙

[**做法**]

1. 制作作料汁。锅中倒入味醂和料酒，开中火煮至微沸，使酒精挥发。将锅从火上挪开，冷却后加入酱油混合。

2. 番茄切成 5mm 的圆薄片。

◎普通的牛肉盖饭会把肉切小，但这份菜谱中无须切肉。即使是同样的肉，从口感来说，大块烹饪比小块更能给人一种奢华的感觉。

3. 炒锅中加入番茄片和 90mL 作料汁，开中火。作料汁沸腾后，将番茄片翻面（3-a），待其两面都熟透后，一片一片地加入牛肉并将其展开（3-b）。不时用长筷翻面（3-c），煮至牛肉有光泽。

4. 大碗中盛入米饭，盖上步骤 3 做好的食材，再摆上鸭儿芹叶后即可食用。

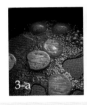

3-a　3-b　3-c

让传统菜肴焕发现代风情

　　对味道的偏好会随时代而变。我尝试着将过去的传统菜肴，按照现代人的喜好进行调整，同时考虑味道的平衡。

　　比如牛肉饭。过去的日本人喜欢偏甜的口味，所以传统的牛肉饭中肯定是要加入洋葱的，但是我在想，这对于现代人来说是不是稍微过甜了一点呢？

　　于是这次我用番茄代替了洋葱。也许大家会觉得这真是一个意外的组合，但是番茄的酸味和谷氨酸的鲜味可以平衡肉类的肥腻，使菜的味道更加分明。而且番茄所含的谷氨酸跟鱼类、肉类含有的肌苷酸的鲜味也十分相合，所以将番茄用于鲣鱼高汤味噌汤、寿喜锅中也十分美味。这下发现了不一样的新鲜美味了吧？

在商业街，有许多可以品尝到精致食物的餐厅，也有许多可以买到现成菜肴的店铺。即使不在家做饭，也不会有任何困扰。说实话，能随时、便捷地吃到美食，这对于繁忙的现代人来说可是帮了大忙——我不想否认这一点。而且节假日与家人一道出去品尝美食也是家人之间重要的回忆；吃一些现成的菜肴，也算是为了让家人们围坐在餐桌前而花费的一种小心思。只是我有些担心，大家会过于习惯并依赖西餐和中餐里过量的鲜味。

我们的舌头可以感知甜、酸、咸、苦、辣和鲜。这种味觉在孩提时代最敏感，随着在每次的饮食中逐渐习惯，年龄越大味觉便衰退越多。如果小时候光吃味道浓郁的食物，那么长大之后就再难以满足于清淡的味道了。

我觉得现在流行的菜肴几乎都调味过甚了。很多菜肴都是那种任谁吃一口都会满足、即使凉了也依旧能让人感到美味、加了十足的鲜味的口味浓重的食物。一旦舌头习惯了这种味道，那么我们就很难再感知真正的美味了。难得我们能够吃到四季变换中丰富的当季食材，却品尝不出它们淡淡的苦味、甜味，这是多么遗憾的事情啊！

因此，家常菜做出清淡适度的鲜味很重要，这才是奢侈的味道。希望我们能够用家常菜的味道，来培养孩子们稚嫩萌发的味蕾。

秋日的家常菜

秋天是延续生命的果实
储满营养的季节。
让我们烹饪出
搭配着刚出锅的米饭，
入口便觉踏实的家常菜吧。

· 松茸和虾的贝柱钵钵蒸 · 鲜味十足的美味汤汁

[材料] 2 人份

去皮虾仁	8 个
扇贝柱	2 个
松茸	1 棵
鸭儿芹的茎	6 根
酸橘	适量
盐	适量
鲣鱼海带高汤	$1\frac{1}{2}$ 杯
薄口酱油	2~3 滴

◎若无日本产的松茸，推荐选
用墨西哥产的，香味同样浓郁。

[做法]

1. 虾仁用刀去虾线，冲洗后用厨房纸包裹去水。
   扇贝柱对半切开，轻轻撒盐。

◎撒盐后，扇贝柱的味道会更加突出。

2. 用干布拭去松茸表面的泥土，竖着切薄片。鸭
   儿芹切成 5cm 长的段。酸橘切成薄薄的圆片。

3. 碗中加入鲣鱼海带高汤、
   两小撮盐、薄口酱油，混
   合搅匀。

4. 钵中放入虾仁、扇贝柱、
   松茸片和步骤 3 做好的料
   汁。碗中倒入水，浸入怀纸[1]。然后将怀纸契合
   地包在钵内的食材上，多余部分贴在钵的外侧。

5. 蒸锅开始冒蒸汽后放入步骤 4 的钵，大火蒸 10
   分钟。

6. 品尝前揭去怀纸，放入鸭儿芹段和酸橘片，倒
   入小盏中享用。

享受高汤的鲜味和芳香吧

松茸陶壶蒸因为有着丰富浓郁的味道和香气，能让人感受到秋
日的降临。一般来说，这道菜的食材用的是海鳗，但为了在家也能
简单地做出美味，我们选用了虾仁和扇贝柱。松茸自不必说，虾仁
和扇贝柱也会释出鲜味。还可以换成白身鱼或鸡肉，增加一些菇类。
如果没有陶壶，耐热的容器也行。我们这次使用的是钵，这道菜就
变成了"钵钵蒸"。用蘸湿的怀纸覆在容器上代替盖子，和食材贴得正好，直接上锅去蒸。
食物盖着怀纸直接端上桌，品尝之前揭去怀纸时，弥漫的蒸汽和香气会扑鼻而来。

---

1. 怀纸是一种两折的和纸。在日本，人们将怀纸折叠起来放在和服的怀中随身携带，在换盘
   子或喝完茶擦茶碗上的口印时使用。

·牛肉菌菇寿喜锅· 牛肉里浸满作料汁的甘甜

[材料] 4人份

牛里脊薄片	300g
香菇	8朵
姬菇	1袋
舞菇	1袋
杏鲍菇	2个
水芹菜	1把
烤麸	2个
鸡蛋	2个

作料汁
（成品约630mL）

清酒	1杯
味醂	$1\frac{3}{4}$ 杯
酱油	3/4 杯

[做法]

1. 制作作料汁（做法见第12页）。

2. 烤麸浸泡20分钟左右至泡发，挤去水，切成6等份。香菇摘去根部，表面用刀划出细格。杏鲍菇竖着切成薄片。姬菇和舞菇摘去根部，掰成小块。水芹菜切成5cm长的段。碗中磕入鸡蛋，用打蛋器打发至绵软状态。

2

3. 锅中倒入1~2cm深的作料汁，加入香菇、杏鲍菇、姬菇、舞菇、烤麸，开中火。沸腾之后，一片片地放入牛肉并将其展开。像炒菜一样让味道充分浸透，然后关火，加入水芹菜段。蘸着打发的鸡蛋液品尝。

◎夏天也可以用番茄代替菌菇。另外，鸡肉、牛蒡和香菜的组合也十分美味。

锅物是连制作过程都值得享受的菜肴

我在法国做厨师长的时候，有一次去当地人家做客吃晚饭，惊奇地发现他们烹饪者和食客的界限是很模糊的。食客切沙拉蔬菜是理所应当的，切毕分食后，再一同悠闲地享受闲谈时光。主人会提前给鸡肉丸调味，趁着烤制的时候与客人们闲聊。主人从烤箱中拿出烤鸡肉丸，端上餐桌再切分给大家。在大家眼前切分食物的话，餐桌的氛围就会瞬间热闹起来。

在每天的菜单中做些改变如何？不仅仅只是端出那些在厨房就已装盘完毕的成品，而是尝试着在大家面前切食分享，或端出即将完成的半成品菜肴，怎么样？寿喜锅等锅物，就可以让大家一边看着菜肴的制作过程，一边品尝刚出锅的食物，然后闲适地拉拉家常。

· 炸鸡翅 ·
咖喱粉和芝麻油的美味隐藏其间

[材料] 4 人份

鸡翅	650g
淀粉	5 汤匙
炸油	适量
生菜	100g
蛋黄酱	25g

◎用其他部位的鸡肉也可以，
净重 500g 即可。

三杯醋

米醋	1/4 茶匙
薄口酱油	1/4 茶匙
味醂	1/4 茶匙

调味汁

鸡蛋	1 个
咖喱粉	2 茶匙
酱油	$1\frac{1}{3}$ 茶匙
盐	1/2 茶匙
芝麻油	1/2 茶匙

[做法]

1. 用刀于鸡翅关节处，将翅中和翅尖分开，只使用翅中。碗中依次放入翅中和调味汁的材料，充分混合搅匀，腌渍 20 分钟左右入味。再加入淀粉，揉拌出黏性。

2. 锅中倒入炸油，加热至 180℃，放入步骤 1 中腌好的翅中。

3. 将翅中一边翻面一边炸，炸 3 分钟左右，取出，放入铺了厨房纸的平底方盘中。静置 3 分钟后，再放入 180℃油中复炸 3 分钟左右，捞出。

4. 碗中放入易食大小的生菜，三杯醋和蛋黄酱充分混合后倒在生菜上，最后盛入炸鸡翅。

复炸可以使食材外表酥脆、内里多汁

"炸鸡翅"的要点在于淀粉和鸡蛋调配的炸衣。因为不使用面粉，所以可以炸得外表酥脆。

另外，鸡肉表面若裹上芝麻油，热传导性更好，能更快炸熟。油锅中若一次放入太多的鸡翅，油温会下降，所以应分次放入，每次炸一点。炸完第一次后将鸡翅放入方盘静置 3 分钟，待余热均匀扩散至鸡翅内部。然后复炸，无须煎炸过长时间，这样可以防止鸡翅变柴，炸出外边酥脆、内里多汁的鸡翅。

在装盘的生菜上倒上三杯醋和带着些许酸味的蛋黄酱，口味十分搭配。

味噌渍烤秋鲑鱼（做法见第 112 页）

凉拌春菊香菇（做法见第 113 页）

· 味噌渍烤秋鲑鱼 · 味噌的风味让鲑鱼更美味

[**材料**] 2 人份

鲑鱼（切段） 2 段（150g）

盐　1.5g（鲑鱼重量的 1%）

夏柑（或者柚子、柠檬等）

的皮　　　　　　适量

味噌腌渍料
（易做的量）

酒糟	350g
水	1/4 杯
清酒	1/4 杯
西京味噌	105g
白粒味噌	310g

[**做法**]

1. 制作味噌腌渍料。将酒糟、水、清酒倒入料理机中打至顺滑，然后倒入锅中，开中火，用木铲炒干。待酒精味挥发完后，加入味噌混合，关火冷却，倒入平底方盘。

2. 鲑鱼段两面撒上盐，静置 1 小时后用厨房纸拭去表面的水。把鲑鱼段放入味噌腌渍料中，裹上保鲜膜，放入冰箱冷藏两晚。

3. 刮去鲑鱼段沾上的腌渍料，刮至表面只残留少许。将鲑鱼段置于烤网（或烤架）上，开小火，注意上下翻面，烤至鱼肉水分和油脂析出，表面烙出烤痕即可（或者用耐油纸夹住鲑鱼段，放入刷上了薄薄一层色拉油的平底锅中，用小火煎烤）。将鲑鱼盛入器皿中，撒上夏柑的碎皮。

让时间为你烹饪出美味

　　为了能让大家围坐桌前说完"我开动了[1]"便开始大快朵颐，你想娴熟地做出并且一气端出多道菜肴。这是一件有难度的事情，能做到的秘诀就在于将"事先做好的菜肴"和"时间烹饪出的菜肴"等搭配组合，端上餐桌。

　　所谓"事先做好的菜肴"，就是比如土豆沙拉这样的菜品。若能事先做出一些即便放凉也很美味的菜品，那就可以不慌不忙地端出一道菜了。

　　所谓"时间烹饪出的菜肴"，就是那些只要事前准备好食材放着，随时都可以快速做出的菜品，或者是那些越放越美味的菜肴，比如煮物和渍物[2]。这道"味噌渍烤秋鲑鱼"就是如此。将鲑鱼提前放入味噌腌渍料中腌渍，吃之前只需稍加煎烤，即可迅速上桌。

---

1. 日本人习惯说一句"いただきます（我开动了）"了之后才动筷开吃。

2. 指酱制、盐制、腌制、浸制、泡制、沤制过的食物，如梅干、辛明太子等。

· 凉拌春菊香菇 ·
充分吸收了香菇的鲜味

[**材料**] 易做的量

春菊	120g
香菇	3 大朵（净重 70g）
食用菊	适量
鲣鱼海带高汤	$1\frac{1}{2}$ 杯
薄口酱油	$1\frac{1}{3}$ 汤匙
味醂	$1\frac{1}{3}$ 汤匙

[**做法**]

1. 香菇去柄，按厚度切成 2 或 3 等份后，竖着切成薄片。

2. 将春菊的茎和叶分开，切成 5cm 长的段。准备比锅大的大碗，倒入冰水。

3. 锅中加入鲣鱼海带高汤、薄口酱油、味醂和香菇片，开中火。沸腾后加入春菊茎（3-a），煮 2~3 分钟后，加入春菊叶迅速煮，然后加入食用菊（3-b），再挪下火灶。

4. 将步骤 3 做好的食材连同锅一起放入冰水中，用长筷搅动锅内食材，散热。然后连锅取出，放入冰箱冷藏 1 小时。

   ◎冷却后鲜味更浓。

5. 取出锅中食材，无须拧干，盛入容器中即可。

发挥香菇的香味、鲜味和口感吧

香菇是一年四季都有的食材，但是秋季才最是当季。香菇的香味、鲜味和营养都储藏在香菇的汁水中，一煮便会溶到汤中。所以我推荐用这份煮汁烹饪菜肴。另外，菌菇的鲜味与从鲣鱼干（肌苷酸）、海带（谷氨酸）中提取出的高汤十分相衬，组合烹调鲜味更浓。

这道"凉拌春菊香菇"充分运用了香菇的香味和高汤的鲜浓，做成了凉拌菜。香菇横截面增加，则可以释出更多的鲜味。

在味道较淡的菜肴中加入多种菌菇，反而会导致各个菌菇的味道都不太突出，所以一种菜肴只需极简地使用一种菌菇即可。

凉茄子（做法见第 116—117 页）

快煮猪肉蔬菜（做法见第 118—119 页）

· 凉茄子 ·

煮汁清爽雅致的甜味在口中蔓延

[**材料**] 易做的量

茄子	6 根
干虾	20g
水	4 杯
芝麻油	2 汤匙
柚子皮	适量

调味汁

三温糖	20g
味醂	$1\frac{2}{3}$ 汤匙
薄口酱油	2 汤匙
酱油	$1\frac{1}{3}$ 汤匙

[**做法**]

1. 制作干虾高汤。锅中倒入水和干虾，常温放置 3~4 小时。开大火，煮沸后撇去浮沫，关火。

2. 切去茄蒂，在茄身上以 5mm 的间隔竖切出浅口刀纹。

3. 选用摆开茄子后空间适中的平底锅，刷上芝麻油，放入茄子。用长筷翻动茄子煎烤，让芝麻油渗入茄子全身。

4. 待茄子表面煎熟裹满油后，加入干虾高汤（4-a），开中火，沸腾之后加入调味汁（4-b）。

5. 盖上锅盖，火力调至弱火和中火之间，让锅内保持扑哧扑哧的小沸状态（5-a）。不时给茄子翻面，煮上 10~15 分钟，让其入味（5-b）。

6. 煮至茄子变软、可以用竹签一下穿透时关火。散热后将茄子移至容器中，放入冰箱冷却。

7. 茄子凉透后，从容器中仅取出茄子，将每根茄子切成 4 等份后装盘，撒上柚子碎皮。

熟练地给煮物入味吧

这道"凉茄子"吸满了用干虾高汤做出的煮汁，是一道家中常备菜肴。

要想让茄子吸满煮汁也有几个要点。首先，需事先给茄子划上刀纹。其次，要让煮汁没过茄子。为了让所有茄子都能浸入煮汁中，炒锅的大小要刚好能摆开所有茄子，而如果炒锅太大的话煮汁就会不足。再者，煮的时候一定要合上锅盖。煮汁蒸汽碰到锅盖会再次滴落形成对流，这样味道就能更加均匀；而且这样也能减少煮汁的蒸发，也就不必担心汤

4-a

4-b

5-b

6

汁过浓或是煮焦煳锅了。木质的锅盖会比较容易吸进煮汁蒸汽，所以推荐大家使用直径比炒锅的小 2cm 左右的、不锈钢材质的锅盖。

　　煮完后再冷却，可以使茄子吸收更多的煮汁。煮物一般都是放凉后更加入味的。凉茄子隔夜析出的煮汁也非常美味，冰箱冷藏的话可以保存两天左右。

　　煮汁的多少、锅的大小、食材的摆放、锅盖、冷却与否，这些要点适用于任何煮物。用大量油炒出的菜放一段时间后油会氧化，所以炒菜是刚出锅时最美味。而煮物放置一段时间后会变得更加美味，所以请放心存放。我觉得煮物的魅力就在于，它能让大家一边说着"比昨天更入味了呢"，一边享受食物味道的变化。

·快煮猪肉蔬菜· 杏鲍菇的口感是亮点

[材料] 2~3 人份

猪五花肉片	150g
杏鲍菇	2 个（100g）
洋葱	1/2 个
胡萝卜	5cm（净重 50g）
青椒	1 个（净重 50g）

作料汁
（成品约 120mL）

味醂	80mL
清酒	$1\frac{1}{3}$ 汤匙
酱油	2 汤匙

[做法]

1. 制作作料汁。锅中加入味醂和清酒，开中火，稍微煮沸释放酒精。将锅挪下灶台，冷却后加入酱油。

2. 猪五花肉片切成 8cm 宽后散开。每根杏鲍菇切成一半长度，每一半再切分成 6 块（大个杏鲍菇可分成 8 块）。洋葱切成月牙状，散开。胡萝卜切成长方形的片。青椒去籽，竖切细丝，再切成一半长度。

3. 炒锅中加入除青椒丝以外的步骤 2 中处理好的食材，倒入 1/2 杯作料汁（3-a），开中火，用长筷翻炒（3-b）。

4. 猪肉变色后（4-a），加入青椒丝继续翻炒（4-b）。
◎慢慢翻炒，食材会出水。

5. 继续翻炒收汁，待食材出现光泽后，关火，装盘。

菌菇迅速煮熟，品尝其口感

　　杏鲍菇在菌菇类里属于香味较为特殊的一种。有的人不太喜欢杏鲍菇的这种香气，所以我们减少香味，发挥其弹力十足的口感。这道"快煮猪肉蔬菜"加入了风味浓郁的猪肉一同炖煮，从而减少了杏鲍菇的气味。

　　菌菇类短时间就能煮熟，而且煮过劲的话口感会变差，所以请留心不要把菌菇煮烂。既要不煮烂，还要让所有的食材都受热均匀，那么就需要根据各个食材的易熟程度在它们的切法上下功夫。胡萝卜比较难熟，可切成短片。洋葱易熟透且很容易煮烂，可切成较大的月牙状以保留其口感。青椒煮过头颜色会变差，所以切丝后最后加入。

　　不过，虽说不能加热过度，但也无须着急。用中火慢慢炒煮，蔬菜会溢高汤液，甜味增加，更加美味。为此，我们把杏鲍菇切大块，调整它的炒煮方式。

3-a

3-b

4-b

5

另外，很多人对于是否要洗菌菇存有疑问。一般来说，买来的菌菇可以直接烹饪，水洗放置后反而会使菌菇丧失香气和鲜味。对于新鲜摘取的菌菇，可以用过水后又扎实拧干的毛巾轻轻擦去菇伞内侧和周围沾上的泥土和脏尘。菇伞内侧特别容易吸收水分，所以千万别浸泡。不过，如果是特别在意脏尘的人，在菌菇即将入锅烹饪之前，将其迅速清洗拭干也无妨。

· 姬菇鸡肉荞麦面 ·

鲜味丰富、略感稠滑的荞麦面汁

[**材料**] 2 人份

鸡腿肉	100g
姬菇	100g
荞麦面	150~200g
姜泥、小葱	适量
淀粉	1 汤匙
鲣鱼海带高汤	3 杯
酱油	$1\frac{1}{3}$ 汤匙
味醂	2 汤匙
薄口酱油	适量

[**做法**]

1. 姬菇去柄解开。小葱切葱花。鸡腿肉去皮，切薄片，加入 2 汤匙薄口酱油揉拌。

◎鸡肉调味后能去除腥味。

2. 锅中加入鲣鱼海带高汤、酱油、味醂、2 茶匙薄口酱油、姬菇，开中火。沸腾后，将鸡腿肉片抹上淀粉（2-a），放入汤中。待肉熟、汤汁稍浓稠后（2-b），挪开汤锅。

◎鸡肉抹上淀粉，可以使肉质更软嫩，汤汁也能更浓稠。

3. 取另一只锅加水煮沸，将荞麦面煮至自己喜欢的硬度。

4. 容器中放入沥干水的荞麦面后，注入步骤 2 的汤汁，撒上小葱花，放入姜泥即可。

搭配好当季的食材和鲜味吧

　　秋天是新出荞麦面[1]的季节。口味丰富的荞麦面搭配上当季菌菇的鲜味、鲣鱼海带高汤的鲜味和鸡肉的甜味，带来了这道"姬菇鸡肉荞麦面"。

　　在之前的章节中我也提到过，菌菇的鲜味和鲣鱼海带高汤的鲜味十分相称，再加上鸡肉甜味中的肌苷酸，鲜味则更加浓醇。

　　煮汤的时候，姬菇的鲜香会溶入汤汁，溢满高汤的每个角落。然后加入裹了淀粉的鸡肉，汤汁就会渐渐浓稠，使得每一口荞麦面都裹满汤汁，十分美味。

　　鸡肉一经蒸煮就容易变硬，但是通过切成薄片和裹淀粉的方式，就会变得嫩滑。天气渐寒时吃上这碗荞麦面，身体就会温暖起来。

---

1. 新出荞麦面即用刚收获的荞麦制成的荞麦面。在昼夜温差达到 10℃、白天最高气温不超过 25℃ 的环境下成熟的荞麦最美味。纬度不同，吃新出荞麦面的季节也不同，比如北海道是 8 月初，冲绳则是 1 月末。

· 烤茄子盖饭 · 烤得焦香的茄子是主角

[材料] 2人份

茄子	3 根
热米饭、细葱、海苔、姜泥	
	各适量

盖浇汁

鲣鱼海带高汤	3/4 杯
味醂	2 汤匙
薄口酱油	1 汤匙
酱油	1 汤匙
淀粉	$1\frac{1}{2}$ 汤匙

[做法]

1. 用菜刀在茄子身上竖划出 4 道浅口。碗中备入冰水。

2. 中火加热烤网，放上茄子，用长筷翻面煎烤茄子全身。用长筷按压茄子，将茄子烤至内里变软、表面出水后取下。

3. 将烤过的茄子放入冰水中，凉至不烫手后，用手去皮。摘去茄柄，将茄子竖着切成4等份，用厨房纸拭去表面的水。

4. 制作盖浇汁。锅中倒入鲣鱼海带高汤，开中火，沸腾后加入味醂、薄口酱油、酱油混合，再倒入 $1\frac{1}{2}$ 汤匙调好的淀粉水，搅拌，关火。

5. 大碗中依次盛入热米饭、茄子，再浇上盖浇汁。撒上切碎的细葱和撕碎的海苔，再配上姜泥一同享用。

享用盖浇汁带来的满足感

这道"烤茄子盖饭"是以烤茄子为主、鲣鱼海带高汤为底，再浇上"鳖甲馅[1]"的一道盖饭。这个勾芡汁味道浓郁，突出了蔬菜的甘甜，即使没有加入鱼和肉，吃完也非常有满足感。

烤茄子放入冰水中，既可以散热也可以定色。若是茄子的切口过深，则泡冰水时茄子会吸水，口感会变差，所以划出方便剥皮程度的浅口即可。若是剥皮之后才放入冰水中，茄子吃起来就会湿乎乎的，所以剥皮之后茄子就不要再蘸水了。

盖饭不太容易冷却，所以很适合寒冷季节食用。再加入一些生姜、橘皮等可以让身体暖和起来的作料吧。

---

1. 日语中"馅"也指盖浇汁。在日本，人们把这种颜色较深、类似龟壳颜色，汤汁像勾芡般剔透的盖浇汁叫作"鳖甲馅"。

· 腌金枪鱼盖饭 · 运用鲜味调出醇和的味道

[材料] 2人份

金枪鱼（切块）	100g
米饭	2碗
鸭儿芹、海苔	适量
酱油	2茶匙
味醂	1/2茶匙
芥末	适量

◎ 比起鱼肥，赤身更适合腌渍。[1]

◎ 我一般使用的是"生酱油"（参考第11页）和"本味醂"。本味醂是用糯米、米曲和烧酒细细发酵制成的，带有温和的甘甜，味浓醇厚。如果手边没有这两种调味料，使用普通的酱油和味醂也无妨。

[做法]

1. 将金枪鱼从正中入刀切半，均切成1cm左右的厚度。鸭儿芹切成2cm长的段。

◎ 鱼片太厚调味料难以入味，太薄则容易调味过度。

2. 金枪鱼放入小平底盘中，加入酱油和味醂搅拌均匀，静置5~10分钟入味。

3. 小碗中盛入米饭，盖上步骤2中做好的食材。撒上撕碎的海苔，再撒上鸭儿芹段，根据个人喜好加入适量芥末即可食用。

◎ 腌鱼的鲜红色非常美丽，为了衬托其色泽，可以露出少许米饭。

品尝美味的刺身吧

　　金枪鱼刺身深得日本人喜爱。只要食材新鲜，直接蘸点酱油食用便足够美味。但如果是袋装金枪鱼的话，拆封后放一段时间，鲜味就会减弱，鱼肉就会变水。

　　将袋装金枪鱼做出美味的最简单的方法，就是"腌渍"。金枪鱼放上酱油腌渍片刻，蛋白质和盐分就能迅速融合，带出鲜味。腌渍也会让金枪鱼析出多余的水分，鱼肉更加紧致，口感弹性十足，这是与刺身截然不同的另一种美味。原本只用酱油腌渍即可，但是比较在意盐分摄入量的人士也可将20%的酱油换成烫过的清酒。这次，我们为了让味道更加浓醇，还加了一点点本味醂。

---

1. 根据脂肪含量，日料中的金枪鱼肉一般被划分为大肥、中肥以及赤身三类。

·焖饭· 吃不腻的温柔味道

[材料] 易做的量

鸡腿肉	1/2 片
胡萝卜	1/3 根
姬菇	1/2 袋
金针菇	1/2 袋
油豆腐	1 片
米	2 合
鲣鱼海带高汤	$2\frac{1}{4}$ 杯
味醂	2 汤匙
清酒	1 汤匙
薄口酱油	1 汤匙
酱油	$1\frac{1}{2}$ 汤匙

[做法]

1. 淘米，将米浸泡 30 分钟后，用笊篱捞出沥干。
2. 鸡腿肉去皮，切成边长 1.5cm 的鸡丁。胡萝卜去皮，切成长 5cm 的细丝。姬菇、金针菇去蒂，姬菇切成 3 等份，散开。小锅加水煮沸，油豆腐入锅焯水去油，对半切后再切成细丝。
3. 陶锅中加入鲣鱼海带高汤和调味料混合，再加入米，并均匀铺满其他食材，合盖。小火 3 分钟、大火 5 分钟煮沸，再调至中小火、小火各煮 5 分钟，关火闷 5 分钟。翻搅后盛入碗中。

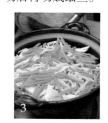

3

◎不用陶锅，使用电饭煲也无妨。煮饭时，如果能选用底部厚实圆润、与食材分量正好匹配的陶锅，锅中就能很好地对流，米饭会更加美味。如果您手边有厚实圆润的陶锅，请尝试一番。

焖饭无须用新米

　　"焖饭"可以说是家常菜中的代表了。每每把这些招牌家常菜端上餐桌时，家人们就开心地说"又做了呀"，这是一种怎样的幸福呢？所以，若遇上做得非常顺手的菜谱，请一定按照菜谱中介绍的食材、步骤反复地做上三次——因为做菜不是做一次就能顺利掌握的，而且也别因为一次失败就放弃，那就太可惜了。尝试了三次以后，等游刃有余了，再尝试着根据家人的喜好改动食材和调味，方法是相通的。

　　焖饭无须用新米，用旧米煮饭味道更佳。这是由于新米没有黏性，水分较多，很难吸收高汤。所以秋日新米上市前正是焖饭的季节。

· 菌菇干贝粥 · 鲜味充满米饭

[材料] 2 人份

菌菇	共 100g
干贝柱	15g
水	$2\frac{1}{2}$ 杯
凉米饭	150g
酱油	1 汤匙
淀粉	$1\frac{1}{2}$ 汤匙
黑胡椒	适量

◎菌菇可根据自己的喜好选用
金针菇、舞菇、香菇、姬菇
和杏鲍菇等种类。

[做法]

1. 制作干贝柱高汤。碗中倒入干贝柱和水，常温静置一夜。

2. 菌菇拆散，统一切成 3cm 长度。

3. 将步骤 1 中泡发的贝柱撕开，与泡发汁一同倒入锅中（3-a）。加入菌菇（3-b），开大火。沸腾后，用手将米饭抓散，放入锅中。锅中扑哧扑哧沸腾后，转中火，不时用大勺搅拌，煮 5 分钟左右。待米饭吸满高汤、熬出黏度后，加入酱油。转小火，加入 1 汤匙调好的淀粉水，搅拌 1~2 分钟，待粥黏稠后，关火。

4. 装碗，根据个人喜好撒上黑胡椒。

◎菌菇类的鸟苷酸和贝柱的琥珀酸的鲜味相遇，会搭配出加倍的美味。

善用干贝柱的高汤吧

　　干贝柱提取的高汤中含有的谷氨酸和贝类富含的琥珀酸，能让人品尝到鲜浓的味道，将其与米、蔬菜一起煮的话鲜味更甚，所以我经常将它和凉米饭一同煮成简约的粥。

　　如果不放佐菜，我也十分推荐在用干贝柱高汤熬的粥中加入盐海带或者炙烤过的明太子。秋日里搭配上菌菇，可以品尝菌菇和贝柱带来的升级版鲜美。这与白粥放上佐菜或者腌菜又是不一样的口味，所以一定要尝尝这份由吸满鲜味的米粒与浓醇汤汁带来的美味。

日本是一个四季分明的国家，食材随着四季的迁移而变化。

春天是生命萌芽的季节。温暖的阳光普照大地时，楤木芽、蜂斗菜芽、竹笋……植物的嫩芽苗壮破土。为了嫩芽不被动物吃去，这些植物就会带有苦味，烹饪的时候，可以迅速加热——请运用好这份苦味。

夏天是绿叶和果实的季节。紫苏、黄麻、黄瓜、番茄、南瓜……夏日是属于这些在烈日下结果的蔬菜的。营养从嫩芽转移到绿叶、果实，正是品尝这些蔬菜的好时候。夏季的海面沐浴着阳光，在附近游耍的鱼类捕食着丰富的浮游生物，一点点囤膘养肥。正因是炎热夏季，所以若是能熟练地为菜肴增添酸味，便可以使菜肴回味无穷。

秋天是种子和果实收获的季节。白果、栗子、大米皆如此。菌菇这时也浓香扑鼻。还有能让人连吃好几碗饭的甜咸浓香的酱油，踏实暖心的煮物、焖饭，都让人留恋。

冬天，土地中的根菜将美味储藏起来。将根菜慢慢地炖煮，煮得扑通扑通的，那渗满高汤的菜肴会惹人心头一动。生长在冷水水域的鱼类此时也已经囤满了脂肪，非常肥美。

就这样，我们日本人一直遵循着四季的自然规律享用着应季的动植物。品味四季，说的就是这个意思。品尝美味佳肴的同时，想象一下我们口中的食材是在怎样的环境下如何长大的，餐桌大概会变得更加欢乐。

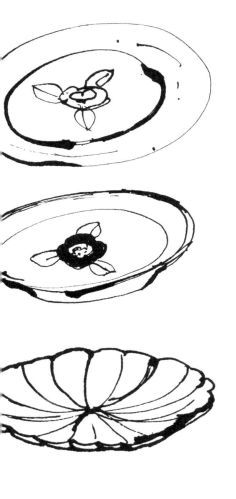

冬日的家常菜

冬天是品尝

在沃土上积蓄了充足养分的根类菜

和肥美鱼类的季节。

让我们烹饪出

让人浑身温暖的菜肴吧。

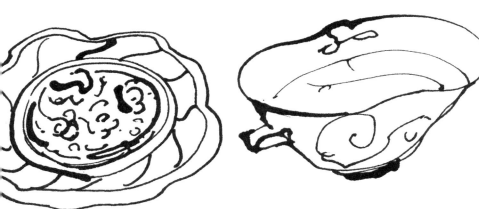

· 金目鲷煮物 ·
肥美的鲷鱼就着煮汁一同品尝

[材料] 2 人份

金目鲷（切段）	2 段
松茸（或者杏鲍菇）	2 根
干香菇（切片）	7.5g
水	1 杯
花椒芽	适量
清酒	1 杯
砂糖	$1\frac{1}{3}$ 汤匙
酱油	2/3 汤匙
上色酱油	2/3 汤匙

[做法]

1. 小碗中放入干香菇和水，放入冰箱冷藏一晚，泡发香菇。

2. 用湿毛巾擦拭松茸，将松茸竖切成 4 长条，每一条再切成一半长度。

3. 锅中加水煮沸，放入鲷鱼段，煮至其表面发白后，将其放到冰水中洗去黏液。

4. 另取一只锅，锅中加入步骤 1 的泡发汁、清酒，将鲷鱼段鱼皮朝上放入，开大火。稍微煮沸后放入松茸，转至中火，煮 4~5 分钟，使酒精挥发。鲷鱼段煮熟后，加入砂糖。砂糖溶化后，倒入酱油和上色酱油。锅上松松地盖上一层锡箔纸，继续煮 4 分钟左右。再加入步骤 1 中泡发的香菇，同时将鲷鱼段翻面，让鱼皮朝下，待鱼皮出现光泽后，关火。

5. 将鲷鱼段装盘，摆上松茸和香菇，淋上煮汁，再摆上花椒芽即可。

◎鱼肉的肌苷酸加上香菇等菌菇类的鸟苷酸后，鲜味加倍。

迅速煮出味道浓郁的煮物吧

　　煮物分为两种。一种是"淡味煮物"，调味清淡的煮汁渗入食材，两者浑然一体；一种是"浓味煮物"，食材表面味道浓郁，内里尚未渗入煮汁，可以对比享受到内外两种口味。这道"金目鲷煮物"的食材内里并未吸满煮汁，是迅速炖煮而成的浓味煮物。起先用干香菇高汤和清酒炖鱼，待酒精挥发后才加入调味料。煮之前将鱼稍微焯水，去除脏质、黏液和鱼腥味，这样鱼也相对好入味。

·牡蛎锅· 连汤汁都鲜美

[材料] 4人份

牡蛎肉（加热专用）	16 颗
白萝卜泥	适量
木棉豆腐	1/2 块
大葱葱白	1 根
黑木耳	4 朵
舞菇	1/2 朵
鲣鱼海带高汤	3 杯
薄口酱油	$1\frac{1}{3}$ 汤匙
味醂	$1\frac{2}{3}$ 汤匙
酱油	1 汤匙
淀粉	1 汤匙

[做法]

1. 黑木耳用水泡发，对半切。木棉豆腐切成稍大的一口大小的块。葱白斜切成 1.5cm 左右的段。舞菇去蒂后用手掰开。

2. 清洗牡蛎肉。将牡蛎肉放入碗中，抹上白萝卜泥揉搓。白萝卜泥变黑后用水将牡蛎肉清洗干净（2-a），再用厨房纸拭干水。平底方盘上撒上淀粉，放入牡蛎肉，让牡蛎肉表面裹上一层薄薄的淀粉（2-b）。

3. 锅中加入鲣鱼海带高汤，开中火，放入葱白段、黑木耳和舞菇，沸腾之后倒入薄口酱油、味醂和酱油。将牡蛎肉抖去多余淀粉后放入锅中。用筷子轻轻搅拌锅内食材，待汤汁逐渐浓稠后加入豆腐块。食材都煮熟后即可出锅。

做出饱满软嫩的海鲜

　　虾、鱿鱼、章鱼、牡蛎等海鲜加热后都会变硬，这是蛋白质收缩、肉内水分流失所致。要想做出软嫩的海鲜，最简单的方法就是在加热前给它裹上淀粉或低筋面粉。这样加热的话，即使肉内部煮熟了，水分也不容易流失。这道"牡蛎锅"中的牡蛎也是如此，若是直接放入锅中加热，牡蛎肉会回缩变小、口感变差，所以我们将其裹上一层淀粉后再放入锅中。不过如果淀粉裹得太多，口感就会比较厚重，所以入锅之前要好好抖去多余的淀粉，尽量让粉薄一些。汤汁会因为淀粉而变黏稠，冷却较慢，所以能很好地暖和身体和胃。加一些菠菜和白菜，再撒上山椒、胡椒和七味粉，也十分美味。

·牛筋萝卜煮物· 甜咸口的牛筋让你胃口大开

[材料] 易做的量

牛筋	600g
白萝卜	1/2 根
水	1.5L
清酒	$1\frac{1}{2}$ 杯
酱油	1/4 杯

[做法]

1. 白萝卜去皮，切成 3mm 厚的圆片。牛筋切成易食用的大小。

2. 锅中放入白萝卜片、牛筋和没过食材的水（材料分量之外），煮沸。将食材迅速焯水，撇去浮沫。用笊篱捞起食材，滤干水。

◎炖煮之前先入水烫食材，然后倒掉烫过的水，这个步骤叫作"焯水"。牛筋和白萝卜焯水后，可以去除牛筋多余的脂肪和白萝卜的脏质、黏液。而且焯水也可以让食材更易入味。

3. 取一只底部较宽的锅（最好是铁锅），放入白萝卜片、牛筋、水和清酒，开大火。稍煮沸后转小火，合盖，炖煮 3 小时左右。

4. 如图所示，煮至汤汁黏稠后，即可加入酱油，转大火。用筷子将白萝卜片和牛筋分开两边，向牛筋里加入酱油翻炒。炒至收汁、亮出光泽后即可出锅。

◎筋部肉是价格便宜、炖煮之后十分美味的食材，虽然炖煮费时，但是不费事。

利用清酒的甜味做出美味煮物

这道"牛筋萝卜煮物"是我母亲至今还常为我做的、我特别喜爱的一道家常菜。它与"金目鲷煮物（见第 132 页）"同属"浓味煮物"，调味也只有酱油的盐分和清酒的甘甜，若是加入白糖的话，就会变得甜腻。待肉变软后加入酱油，转大火迅速热煮，可以使煮汁裹满牛筋表面。放凉后，煮汁的味道就会过于渗透食材内里，所以还是刚出锅的时候趁热品尝吧。

炖肉的时候，推荐使用较厚重的锅具。我用的是日本岩手县南部铁器锻造的锅具。这是适用于寿喜锅等菜肴的大平底锅，锅底面积较大使得煮汁延展面积大，加大火力后可以迅速煮熟菜肴。

鲥鱼萝卜（做法见第 140—141 页）

筑前煮（做法见第 142—143 页）

· 鰤鱼萝卜 · 用清酒煮出软嫩的鰤鱼

[材料] 4 人份

鰤鱼鱼杂碎	1/2 条
白萝卜	1/2 根
大米	40g
生姜	1/4 块（切片）
清酒	$2\frac{1}{2}$ 杯
三温糖	65g
酱油	65mL
上色酱油	$1\frac{2}{3}$ 汤匙

[做法]

1. 白萝卜切成 2.5cm 厚的圆片，去皮，刮圆。锅中加入白萝卜片、大米和没过食材的水，开大火。合盖，沸腾后转小火，煮 15~20 分钟。煮至白萝卜片通透、可以用竹签刺穿后，关火静置。冷却后取出白萝卜片，洗去其表面的黏液。

◎白萝卜与大米一起煮，可以去除白萝卜的脏质，使其变得更通透。

2. 用菜刀将鰤鱼鱼杂碎切成较大鱼块，锅中加水煮沸，将鱼块一块一块地放入锅中。待其表面变色后立即取出（2-a），然后浸泡入准备好的冰水中（2-b），用手去除鱼鳞、血合肉等脏东西（2-c），再用毛巾擦干水。

3. 锅中放入白萝卜片、鰤鱼块、清酒和姜片，开大火。撇去浮沫，沸腾后转中火，不时将煮汁浇上鱼块，煮 5 分钟左右。

4. 加入三温糖，糖溶化后加入酱油和上色酱油，煮 15~20 分钟，收汁后关火，放置一段时间等其入味。

用清酒煮出美味的鱼

　　说到煮物，也许有人会觉得做高汤这一步非常麻烦。但是在煮像这道"鰤鱼萝卜"中的鰤鱼鱼杂碎这样自身带有强烈味道的食材时，则无须加入高汤，仅用清酒和少量的调味料就可以烹饪出美味。如果能运用好食材自身的鲜味，那也不一定需要高汤的。

　　之前我也提到过，用来煮鱼的清酒自身也有很强的鲜味，

而且也能让煮汁保持理想的温度。用70~80℃的温度煮鱼调味，鱼肉中含有的大量明胶就会软化，鱼肉也不会过硬。不过值得注意的是，要等酒精挥发后再加入调味料，否则会残留苦味。

为了去除鲫鱼鱼杂碎的腥味，要先将其认真地焯水，再加入酱油炖煮。煮的过程中仅用小火还是会有腥味，所以需用中火保持其沸腾的状态。

白萝卜切圆片后去皮，只要再将棱角的部分削出好看的弧面，就不容易煮烂了。而且加米一起煮的话，白萝卜就会更加通透。也可以用淘米水代替大米，同样能使白萝卜通透。

我推荐尽量使用口径较小的深口锅做煮物，锅内可以形成较好的对流，使得味道和热度更加均匀、迅速地布满锅内。关火后放置一段时间待食材入味，这也是获得美味的一个秘诀。

· 筑前煮 ·

裹满鸡肉和香菇鲜味的香稠煮物

[材料] 4 人份

鸡腿肉（去骨）	1 根
干香菇	3 朵
白魔芋	100g
莲藕、胡萝卜	各 100g
牛蒡	1 根
芋头	5 个（净重 180g）
酱油	1 汤匙
上色酱油	1 汤匙
三温糖、芝麻油	各 2 汤匙

[做法]

1. 用 1 杯水浸泡干香菇，静置一晚。每朵泡发了的香菇都切成 4 等份，泡发汁留用。

2. 白魔芋撕成一口大小的块（2-a），焯水。莲藕去皮，切成 2cm 厚的块，再将每块切成 4 等份。胡萝卜去皮，竖着切成两半后，再切成任意大小。牛蒡用刀背刮皮，切成任意大小。芋头去皮，切成芋头块（2-b）。

3. 炒锅开中火，鸡皮朝下将鸡腿肉放入锅中，用锅铲按压住鸡腿肉（3-a）。用厨房纸擦去多余油脂，待鸡皮煎烤变色、鸡肉尚未变色时将鸡腿肉取出，切成 3cm 长的鸡块（3-b）。

4. 将步骤 3 中的炒锅开中火热锅，倒入芝麻油，加入香菇和步骤 2、3 中处理好的食材，用长筷炒至芝麻油均匀沾满食材。

5. 将步骤 4 中炒完的食材倒入深口锅中，加入香菇泡发汁、$1\frac{1}{2}$ 杯水和三温糖，用中火煮 30 分钟左右。当鸡肉和根类菜熟透后，加入酱油和上色酱油。收汁后，晃动锅使所有食材混合均匀，关火，静置一段时间使食材入味。

烹饪出质朴风味的煮物吧

日本昭和[1]时代，祖母为我做的茶色煮物非常下饭，有一种踏实的美味。这道"筑前煮"正是其中之一。

若是在以前，像这样的家常菜会被称作"土里土气"的，而书上和电视里介绍的煮物都是干净雅致的。但是现在变了，人们享用着这些外观看起来非常质朴、但拥有各自味道和口感的食材，会发自内心地说出"果然是非常美味的"这样的话。

---

1. 日本第 124 代天皇裕仁在位期间使用的年号，使用时间为 1926 年至 1989 年。

而今我们对于家常菜所追求的不再是美丽的外表，而是希望它能让我们发自内心地说出"美味"，不是吗？因此，我作为一名厨师，想将这些带有祖母味道的家常菜分享给更多的人。

筑前煮是一道家常菜的代表，鸡肉和干香菇高汤的香味会很好地渗入胡萝卜、莲藕和牛蒡等根类菜。为了能让各个食材都发挥出各自的鲜味，我们不加入鲣鱼海带高汤。

根类菜无须焯水，直接生着入锅用芝麻油炒煮，也会散发出自己的鲜香。芋头未经焯水，所以其风味还完整保留着，使得煮汁也非常浓稠。用碗的边缘等工具将魔芋撕成一口大小的块，这样比用菜刀切出的魔芋表面积更大，更易入味。

做筑前煮的时候，我有一个小心思，就是先把鸡皮煎至焦脆后再炖煮。因为直接生着炖煮，鸡皮吃起来会皱巴巴的；可若是烤透后再煮，那鸡肉就会变硬。所以鸡肉无须煎熟，仅仅把鸡皮煎至焦脆后再炖煮即可。

·鲭鱼蒸芜菁· 品尝软嫩口感和芜菁的甘甜

[材料] 2 人份

鲭鱼（切段）	60g
芜菁	5 个
香芹	15g
黑木耳	2 朵
山药	6g
蛋白	6g
盐	适量
鲣鱼海带高汤	$1\frac{1}{2}$ 杯
薄口酱油	1 汤匙
味醂	1 汤匙
葛粉（或者淀粉）	$1\frac{1}{2}$ 汤匙

[做法]

1. 鲭鱼段迅速浸入适量酱油（材料分量外）中，沥干汁液后切成一口大小的块。黑木耳泡发，切丝。冲洗芜菁，去皮，捣泥，用白纱裹住拧干水，称出 60g。山药去皮，捣泥。碗中加入芜菁泥、山药泥、蛋白和少许盐，用手抓匀、抓松嫩。加入鲭鱼段和黑木耳丝拌匀，分成两份分别放到保鲜膜上包起，用橡皮筋扎紧，然后放入能正好收住这个菜球的容器中。连容器一起放入加水煮沸的蒸锅中，开大火蒸 10 分钟左右。

2. 制作盖浇汁。香芹切丝。葛粉用等量的水溶解。锅中加入鲣鱼海带高汤、薄口酱油、味醂和两撮盐，中火煮沸。沸腾后加入香芹丝混合，再倒入葛粉水调糊。

3. 撕去步骤 1 中菜球上的保鲜膜。如果菜球出水了，则用厨房纸等拭干水，然后将菜球盛入碗中，浇上步骤 2 做好的盖浇汁后即可食用。

清淡调味，品尝食材的美味

"鲭鱼蒸芜菁"这道蒸菜味道十分柔和，它以清淡的鲭鱼、甘甜的芜菁和鲣鱼海带高汤为底，搭配薄味的盖浇汁一同食用。加入鲷鱼、鱿鱼和虾仁等代替鲭鱼，也十分地契合。

菜肴口味浓重的话，会让食客的味觉在无意识中变得迟钝。相反，味道清淡的菜肴，可以磨砺食客的味觉，让舌头去探寻食材的美味。对烹饪没有自信的人会不自觉地把味道调重，但其实那只会掩盖食材本身的美味。不要以为加了调味料就能放心了，要做得比自己想的再清淡一些，让食材各自的味道汇聚统一。只要在这方面不断努力，就能做出食材和高汤味道分明的菜肴。

·芝麻拌菠菜· 焯过水的美味菠菜是主角

[**材料**] 2 人份

菠菜	150g
熟白芝麻	2 汤匙

八方高汤
（成品约 200mL）

高汤	160mL
味醂	$1\frac{1}{3}$ 汤匙
薄口酱油	$1\frac{1}{3}$ 汤匙

[**做法**]

1. 制作八方高汤。碗中倒入材料混合均匀，放入冰箱冷藏。

2. 菠菜不切根，一根一根解开，用水好好冲洗，去除根部泥土。

3. 取能放下整根菠菜的大锅，加入水，开中火。水快要煮沸前放入菠菜，转至稍弱的中火焯菠菜。焯至菠菜用筷子夹起后软塌塌地弯曲着，关火，夹出菠菜。

◎ 因为不是用高温焯水，所以即使同时放入菠菜的茎和叶，也不会出现不同时段熟的状况。

4. 将菠菜用笊篱沥干水后，放入步骤 1 中冰镇过的八方高汤中。待菠菜余热散去后，连碗一起放入冰箱，静置一夜入味。

5. 从碗中取出菠菜，轻轻拧去水分，切成长度相等的 5 段。

6. 熟白芝麻放入捣蒜罐中，用捣蒜棒捣出香味，加入菠菜中凉拌，使芝麻均匀裹满菠菜，装盘。

焯出色泽好看的菠菜

　　比起先切好蔬菜再焯水，直接将蔬菜放入锅中焯水更能保留其鲜味和营养。菠菜的根部有甜味，非常好吃，无须丢弃。焯水的时候要留心水的温度，不是用完全煮沸的热水，而是用沸腾前夕的温度来焯，这样能保留菠菜爽脆又松软的口感。菠菜焯水后要马上冷却，热着放置的话，会使其营养损失、颜色变淡、口感发蔫。

　　在这道"芝麻拌菠菜"中，菠菜焯水后不是先用冷水浸泡再放入八方高汤中的，而是直接将其浸泡入冰镇的八方高汤中，这样能够使其更好地入味。

· 海老芋鸡肉煮物 ·
暖乎乎的甘甜海老芋散发出只属于冬日的美味

[材料] 易做的量

海老芋	2 个（500g）
鸡腿肉	120g
酱油	$1\frac{1}{3}$ 汤匙
淘米水、淀粉、山椒粉	
	各适量

◎也可用普通芋头代替海老芋。

煮汁

鲣鱼海带高汤	3 杯
三温糖	25g
酱油	1 汤匙
上色酱油	1 茶匙

[做法]

1. 海老芋去皮（去厚一些），竖着切半。将海老芋放入锅中，加入淘米水没过海老芋，开中火，沸腾后转小火煮 30~40 分钟。海老芋煮至能用竹签刺穿时，捞出放至碗中，边用流水冲洗，边用手搓去表面的黏液，直至冲下的水恢复透明。

2. 换一只锅，放入煮汁的材料和海老芋，开中火，沸腾后转至小火煮 1 小时左右。

3. 鸡腿肉从鸡肉和鸡皮之间入刀，切去鸡皮。鸡肉斜切薄片，再切成一口大小的块，放入碗中，加酱油抓匀。

4. 另取一只锅加入 180mL 步骤 2 中的煮汁，将鸡肉块抹上薄薄的一层淀粉后入锅，开中火煮熟。

5. 捞出海老芋，切成易食大小。将海老芋块和鸡肉块盛入碗中，撒上山椒粉。

聊一聊让鸡肉更加美味的烹饪秘诀吧

　　鸡肉具有高蛋白、低热量、易购买的特点，非常适合作为家常菜的食材。而且鸡肉鲜味丰富，只要掌握烹饪的小技巧，就能做出软嫩多汁的口感。这道"海老芋鸡肉煮物"中使用的鸡腿肉是鸡腿根部或是其他常常活动的部位的肉，肉质虽然偏硬，但是味道鲜浓。

　　鸡肉加热后就很难入味，因此我们使其提前入味后再进行烹调。炸鸡等菜肴也是如此，需提前将鸡肉腌渍入味。只要腌渍到位，烹饪的时候即使不加其他调味料，鸡肉也能鲜香浓郁、十分美味。鸡皮较油，故剔除。不过鸡皮无须丢弃，用鸡皮熬油炒蔬菜也别具风味。

亲子饭（做法见第 152—153 页）

味噌煮鲭鱼（做法见第 154—155 页）

· 亲子饭 ·

半熟蛋液包裹着软嫩的鸡肉，口感浓稠

[材料] 2人份

鸡腿肉	120g
鸡蛋	4个
大葱	40g
米饭	360g
薄口酱油	2汤匙
淀粉、海苔、鸭儿芹	
	各适量

八方高汤
（成品约 200mL）

鲣鱼海带高汤	160mL
味醂	$1\frac{1}{3}$ 汤匙
薄口酱油	$1\frac{1}{3}$ 汤匙

[做法]

1. 鸡腿肉从鸡肉和鸡皮之间入刀，切去鸡皮。在鸡肉上斜划出刀口，切薄片，放入平底方盘中，加入薄口酱油揉拌。

2. 大葱斜切薄圈。鸡蛋磕入碗中，再用手捞出移至别的碗中，倒掉剩下的多余的水。

◎这里说的"多余的水"也叫作"水状蛋白"。这是蛋腥味的源头，我们提前去除。

3. 这一步一次使用一半的食材，做一个人的量。锅中倒入八方高汤的材料，开中火。鸡肉用淀粉薄薄地涂抹一层（3-a）后放入高汤中。加入大葱圈，待鸡肉变色后（3-b），加入鸡蛋。首先，用木铲稍微搅拌蛋白（3-c），待蛋白开始凝固后，戳碎蛋黄轻轻搅拌（3-d），待鸡蛋达到半熟状态后关火。

4. 大碗中盛入米饭，把步骤3中做好的食材盖在饭上。根据个人喜好加入切好的长3cm的鸭儿芹段和撕碎的海苔。

先加热蛋白，最后戳碎蛋黄

　　鸡蛋菜肴的要点是去除水状蛋白。用手捞出的鸡蛋可以让没有弹力、呈水状的蛋白留在碗中。我的店"神田"使用的鸡蛋，全都是经过这道工序的。为了能烹饪出美味，不在乎费时费事。

　　蛋黄比蛋白的凝固点更低。如果一同搅拌再下锅煎的话，等到蛋白熟了，蛋黄早已过硬，口感会发干。所以这道"亲

子饭"在最开始的时候先不打蛋液，将鸡蛋直接入锅，让蛋白先凝固，最后再戳碎蛋黄。这个时间差正好让蛋黄已经稍微加热，口感浓稠醇厚。这个方法也适用于加了各种食材的蛋花汤，请大家一定试试看。

请不要嫌我啰唆，我还想再重复一次的是，鸡肉在加热后就很难入味了，所以要先使其入味再进行烹饪（见第148页）。鸡腿肉味道浓郁，虽说一般是用酱油调味的，但是因为我想把亲子饭做得更加清爽，于是就选择了薄口酱油。煮之前揉拌鸡肉，可以让鸡肉的鲜味更加突出。鸡肉在加热以后会析出肉汁，鸡肉容易变老，所以我们将其调味后抹上淀粉，再进行烹饪。这样既能让鸡肉很好地保留调味，也能锁住肉汁和鲜味。

只需要一点点小技巧，你的亲子饭就能比之前做的上升一个档次。请一定让这个小技巧发挥作用吧！

· 味噌煮鲭鱼 ·
清爽的赤味噌煮汁裹满鲭鱼

[材料] 3 人份

鲭鱼（切段）	3 块（150g）
水	3/4 杯
清酒	3/4 杯
三温糖	1 汤匙
赤味噌	30g
低筋面粉	适量
芝麻油	适量

[做法]

1. 鲭鱼块两面各抹上薄薄的一层低筋面粉。
◎用毛刷刷上低筋面粉，可以涂抹得更均匀。低筋面粉可以锁住鲭鱼的鲜味。

2. 炒锅开中火，倒入 2 汤匙芝麻油加热。将鲭鱼块鱼皮朝下放入锅中（2-a），煎至鱼皮稍微焦脆，翻面（2-b）。
◎用芝麻油煎鲭鱼不仅可以减少鲭鱼的腥味，还可以让菜肴更具风味。

3. 加入水、清酒和三温糖（3-a），用锡箔纸盖住鱼肉（3-b）。开小火，中途给鲭鱼块翻面，煮 7 分钟（3-c）。

4. 待煮汁减少一半后，在小碗中加入赤味噌，用少量的煮汁溶化味噌以后，将其倒入炒锅。然后一边收汁一边使鲭鱼块全身裹满煮汁。
◎比起麦味噌和田舍味噌，赤味噌不会因为品牌不一样而出现盐分的较大差异，所以我们这次使用的是赤味噌。

5. 出锅前淋上 1 汤匙芝麻油，关火。

6. 鲭鱼块装盘，浇上煮汁，和煮汁一道享用。

品尝清爽的味噌煮吧

这道"味噌煮鲭鱼"是选用秋冬时节脂肪肥美的鲭鱼和味道清爽的赤味噌一同烹饪的。

其美味的秘诀在于，煎鱼之前在鲭鱼块表面抹上薄薄的一层低筋面粉。这样既能锁住鲭鱼的鲜味，面粉溶入煮汁也能使煮汁更加浓稠。另外，煮之前用芝麻油煎鱼既能去除鱼腥，也能减少鱼肉湿乎乎的口感。

味噌我选用的是各品牌盐分差异较小的赤味噌。市面上卖的赤味噌的盐分含量大多在 12% 左右，大家可以根据自家的用盐量有所增减。

2-a

2-b

3-b

3-c

　　鲭鱼同鳓鱼、鲹鱼一样，都属于背部发青、身体柔软的鱼类。鲭鱼有真鲭、胡麻鲭等种类，特别是真鲭，在寒冷的季节里脂肪肥厚，十分美味。

　　像鲭鱼一样脂肪肥厚的鱼类，如果是煎烤着吃的话，只需简单地盐烤就足够了。但若是炖煮的话，鱼肉的脂肪会析出，所以需加入一些咸香口感来补足，略偏重口一些。不过虽说是重口，也无须长时间炖煮。鱼肉外围"入味"，内里保持"原味"，便可以同时品尝到两种不同的口感。

　　脂肪不够肥厚的鳕鱼、鲽鱼等白身鱼，一经加热则会肉质变柴，所以烹饪的时候可以先用味噌腌渍，给鱼肉表面覆上一层膜后再进行煎烤，这样便能减少鱼肉水分流失，烤出软嫩的鱼肉。若是选择炖煮这类鱼，那么就不是补充盐分，而要通过补充酸味来完成烹饪了（见第85页）。

· 绿茶荞麦面 · 黏稠的口感吃出清爽的美味

[材料] 4 人份

绿茶荞麦面（干面）	200g
佛掌山药	160g
海苔丝	适量
小葱、芥末	各适量

◎没有佛掌山药的话用大和芋也可以，但是不推荐使用口感较脆的菜山药。

面汁
（成品约 730mL）

鲣鱼海带高汤	$2\frac{3}{4}$ 杯
酱油	1/2 杯
味醂	80mL

[做法]

1. 制作面汁。碗中倒入材料，用打蛋器将其充分搅拌混合。

2. 佛掌山药去皮，捣泥。小葱切碎。

3. 用较大的锅加水煮沸，加入绿茶荞麦面。用筷子搅拌，按照包装袋上要求的时间煮面。然后将荞麦面用笊篱捞出，流水揉洗，再放入冰水中冷却。

4. 将步骤 3 中煮好的荞麦面 4 等分，分别挤水，盛入一人食的碗中。每碗都倒入 1/4 量的面汁，摆上 1/4 量的佛掌山药泥，再添上海苔丝、小葱花和芥末，翻拌后品尝。

◎这个配方的面汁也适用于冷荞麦面、冷乌冬和冷索面等。如果是热荞麦面、热乌冬和热索面，稍多加一些高汤调配即可。

冬天是享用美味根类菜的季节

冬天是海老芋、佛掌山药和大和芋等长在土里的根类菜正值美味的季节。

到了冬天，地上的植物枯萎，落叶归根。所以地表的泥土变得肥沃，养育着长在土里的植物。

所谓品尝四时不同的当季美味，指的就是跟随大自然的循环规律，享用那份生命力和能量。

现在品种改良技术十分发达，很难再说某种食材就只属于某个特定季节了，但是食材还是在原本最属于它的季节里最有营养。

如果看到只会在某个季节才上市的当季食材，即使不是你烹饪惯的食材，也请一定试试用它来做菜。这样，每日的家常菜种类便更为丰富，餐桌也充满季节感，家人们的聊天情绪也能更加高涨。

·芜菁焖饭· 微微甘甜的清淡味道

[**材料**] 4 人份

芜菁（带茎）	3 个
油豆腐	1 片
大米	2 合
鲣鱼海带高汤	2 杯
味醂	1⅓ 汤匙
盐	少许
薄口酱油	1⅓ 汤匙

[**做法**]

1. 大米淘净，浸泡 30 分钟左右，用笊篱沥干水。
   ◎ 米粒浸泡吸水后再沥干多余的水，这样煮出来的米饭就不会湿答答的，而是松软美味的。

2. 将芜菁切去上下部分，削去较厚的芜菁皮，切成边长 1cm 的丁。洗 1 棵芜菁的茎，切碎后撒上少许盐揉搓。小锅加水煮沸，油豆腐焯水去油，切成边长 1cm 的正方形。

3. 陶锅中加入大米，厚度均匀地铺开。碗中倒入鲣鱼海带高汤、味醂和薄口酱油，混合后倒入陶锅。再放上芜菁丁和油豆腐，合盖。以小火 3 分钟、大火 5 分钟加热使其沸腾。再用中小火 5 分钟、小火 5 分钟加热后，关火。加入芜菁的茎后马上合盖，焖 5 分钟。

4. 将食材翻拌均匀后盛入碗中食用。

不要浪费食材的鲜味

从冬天到早春，正值根类菜美味的季节，此时我推荐的焖饭便是这道"芜菁焖饭"。

用白萝卜代替芜菁也十分美味，不过白萝卜需要焯一次水后再放入锅中焖煮。芜菁比白萝卜的纤维要柔软，更容易熟透，所以不需要焯水，直接焖煮即可。

若使用芜菁，最后加入的茎需先用盐揉搓后再放，让焖饭多一些苦味和口感也是非常好的选择。芜菁带有如日光一般的温暖芳香，可以给人心安的感觉。

削下的芜菁皮可以切碎，用生酱油揉搓后，蘸上辣椒粉做成渍菜。

若是没有陶锅，用电饭煲也无妨。大米浸泡时间一样即可。

文旦果冻（做法见第 162 页）

葡萄果冻（做法见第 163 页）

·文旦果冻·
以文旦皮做容器，享受微苦的风味

[**材料**] 易做的量

文旦	1个
水	3汤匙
细砂糖	20g
寒天粉	1g

[**做法**]

1. 从文旦中间偏上的位置横切一刀。用比果肉稍长一些的刀插入较大部分的文旦，沿文旦皮圆圆地转一圈，大拇指从刀口处伸入，用手挖出果肉。较小部分的文旦也掏出果肉。去掉果肉上沾着的皮和籽。

2. 果肉加入搅拌机搅拌1分钟，用橡胶刮刀刮去机器内侧沾着的果肉，再用过滤器过滤出果汁。先使用3/4杯果汁。

3. 在耐热性较好的碗中加入细砂糖和寒天粉，无须盖保鲜膜，直接放入500瓦的微波炉中加热1分30秒左右。中途可取出，搅拌后再继续加热，直到寒天粉完全溶解。

◎寒天粉完全溶解是果冻凝固的重点。

4. 向步骤3处理好的材料中加入步骤2滤好的果汁，一边混合一边加入果汁。

◎试味，若味道不足则再加入一些细砂糖。

5. 将作为容器的文旦皮稳放于碗中，倒入步骤4的混合物，封上保鲜膜放置冰箱冷藏1小时左右。待混合物凝固后，将其切成喜欢的大小。

◎西柚等也可用相同的配方制作。

介绍两道清爽的甜品

做点心最重要的是精准：精准地计量分量后，按照菜谱一步不落地精准制作。做甜品要比煮饭做菜更加追求精准。这次我分享的果冻等点心，它们的口感和温度是非常重要的。分量和步骤稍差一点，可能就会出现过硬、过软或不能很好凝固的状况。只要精准，这道甜品技术上毫无难度，请大家尝试做做看吧。你也能在家轻松做出店里摆着的、你所憧憬的甜品！

· 葡萄果冻 · 薄荷的清凉和果冻的柔软独具魅力

[材料] 易做的量

玫瑰香葡萄	适量
薄荷叶	适量
细砂糖	60g
明胶片	8g

[做法]

1. 明胶片放入冰水中浸泡 1~2 分钟。

◎浸泡明胶片的水如果是温水的话，明胶片容易溶化，所以用冰水将其泡软。

2. 锅中加入两杯水，开中火将水加热至 60℃ 左右，将锅挪下火灶。水中加入细砂糖溶解。明胶片滤去水，放入锅中充分溶解。将锅中液体倒入碗中，再使碗底接触冰水散热。碗中液体冷却后连碗放入冰箱，静置 1 小时左右待其凝固。

◎水沸腾后蒸发，水量就会减少，而且明胶沸腾后便很难再次凝固，所以请留意水温。

3. 待步骤 2 制作的果冻冷却并慢慢凝固后，用筷子等工具大致搅开果冻，加入切碎的薄荷叶混合。

4. 玫瑰香葡萄连皮竖着切成两半，去籽后加入步骤 3 混合好的果冻中。将果冻盛入提前冰镇好的玻璃杯中。

◎除了玫瑰香葡萄之外，这道冰点也可搭配桃子、橙子、哈密瓜、巨峰葡萄和洋梨等。

　　做"文旦果冻"的要点是在温热的液体中使寒天粉充分溶解。用微波炉加热时，要不时拿出搅拌，直至寒天粉完全溶解。在果冻冷却凝固前试味，可酌情加入些许细砂糖调整口味。但是文旦的微苦也是一种美味，而且苦味也可让甜味更突出，所以请尽量运用这丝苦味，不要做得过甜。

　　这道"葡萄果冻"可以让人同时品尝到经薄荷提香了的果冻和葡萄粒，味道十分清爽。其外观看上去也非常凉爽，所以我十分推荐在炎夏品尝。这次的果冻只加入了玫瑰香葡萄，您也可以加入桃子、橙子、哈密瓜、巨峰葡萄和洋梨等应季的水果。

　　享用冰点心的时候，别忘了将容器冰镇后再用来盛点心。这个用心的小细节会让点心更加美味。

主要食材类别索引

这里将本书中介绍的家常菜，根据主要食材类别进行了分类。当您为"用这个食材可以做什么呢"发愁时，也许它能帮助到您。

肉类家常菜

鱼贝类家常菜

后记

本书是将刊登在《生活手札》4 世纪 53~85 号（2011—2016）上的连载文章——《新·12 个月的家常菜》进行修正、增添后汇总而成的。特别是鲣鱼海带高汤的制取方法，我在杂志连载中分享的做法使用的是与我店中同样的材料和分毫不差的步骤。但是这一次我又重新思考了家常菜所追求的东西，向我的母亲征求意见后，修改了这款高汤的制取方法，用容易入手的食材尽显美味。

正因为爱上烹饪，才能开辟出一条精进之路。若是本书能够助您一臂之力，让您用心去烹饪每日的菜肴，不断地做出美味的自家味道，那将是我莫大的荣幸。最后，我想向在我的烹饪之路上给予指导的父亲文美、母亲一子，协助摄影的中岛功太郎、常安孝明、金岛将悟、黑崎有美、胜俣沙惠兰，还有各位读者们表示感谢。

神田裕行（かんだひろゆき）

　　1963 年出生于日本德岛县。于大阪修习日本料理后，于 1986 年赴法担任日本料理店的厨师长。1991 年回日本，在德岛县的日料店"青柳"工作 13 年。2004 年，于东京元麻布街开了日料店"神田"。截至 2019 年 5 月，"神田"连续 12 年被评为东京米其林三星餐厅。著有《日本料理的奢华》（讲谈社）。荣获日本农林水产省颁发的"料理大师"称号。